《机动车排放召回管理规定》要义

市场监管总局法规司
市场监管总局质量发展局
生态环境部大气环境司　编著
市场监管总局缺陷产品管理中心
生态环境部机动车排污监控中心

中国质量标准出版传媒有限公司
中国标准出版社
北京

图书在版编目（CIP）数据

《机动车排放召回管理规定》要义 / 市场监管总局法规司等编著 .—北京：中国质量标准出版传媒有限公司，2022.1

ISBN 978-7-5026-5029-2

Ⅰ . ①机… Ⅱ . ①市… Ⅲ . ①汽车排气—质量管理—规定—解释—中国 Ⅳ . ① X51

中国版本图书馆 CIP 数据核字（2021）第 267951 号

中国质量标准出版传媒有限公司
中 国 标 准 出 版 社 出版发行

北京市朝阳区和平里西街甲 2 号（100029）

北京市西城区三里河北街 16 号（100045）

网址：www.spc.net.cn

总编室：（010）68533533　发行中心：（010）51780238

读者服务部：（010）68523946

中国标准出版社秦皇岛印刷厂印刷

各地新华书店经销

*

开本 787×1092　1/16　印张 9.5　字数 100 千字

2022 年 1 月第一版　2022 年 1 月第一次印刷

*

定价：55.00 元

编 委 会

前　言

　　世界卫生组织（WHO）公布的2019年全球十大健康威胁显示，空气污染是全球面临的最大环境健康挑战，每年造成约700万人过早死亡。机动车排放污染物是空气污染的重要来源，生态环境部发布的《中国移动源环境管理年报（2020年）》指出，2019年全国机动车四项污染物排放总量初步核算为1603.8万t。其中，汽车是污染物排放总量的主要"贡献者"，排放的CO、C_xH_y、NO_x和PM（颗粒物）超过90%。

　　为了降低机动车排放污染物带来的空气污染，自20世纪70年代开始，美国、欧洲、日本等发达国家和地区陆续出台机动车排放召回制度。作为全球最早实施排放召回制度的国家，美国建立了以"国家法律为基础、召回法规为指导、权威测试机构为保障"的召回支撑体系。2015年8月29日，第十二届全国人大常务委员会第十六次会议审议通过修订后的《中华人民共和国大气污染防治法》第五十八条规定："国家建立机动车和非道路移动机械环境保护召回制度。生产、进口企业获知机动车、非道路移动机械排放大气污染物超过标准，属于设计、生产缺陷或者不符合规定的环境保护耐久性要求的，应当召回；未召回的，由国务院市场监督管理部门会同国务院生态环境主管部门责令其召回。"但由于缺少法规层面的具体实施细则指导，排放召回未得到有效落实。自2016年

1月1日《中华人民共和国大气污染防治法》实施之日至2020年底，我国仅实施6次汽车排放召回，涉及车辆仅为5164辆。

为了推进我国排放召回制度实施，在总结国外机动车排放召回和国内汽车安全召回实践经验的基础上，市场监管总局联合生态环境部制定并发布了《机动车排放召回管理规定》（市场监管总局、生态环境部令第40号，以下简称《规定》）。《规定》自2021年7月1日起施行，标志着我国机动车排放召回步入正轨。《规定》共有三十四条，对排放召回的立法目的、适用范围、基本概念、监管体制及职责划分、生产者和经营者义务、召回程序以及法律责任等作出规定。

为了配合《规定》的研究学习和宣贯培训，便于更多人掌握《规定》要求，并依规履职尽责，我们组织编写了本书。本书对机动车排放召回的立法背景和条文含义做了阐述，对相关背景知识和应当注意的问题做了简要说明。同时，为了方便查阅，本书还收录了与排放召回工作相关的法规文件。

本书力图全面反映立法原意，尽量准确、详尽、通俗地阐述条文要义，以期帮助读者更好地理解和应用《规定》。但由于时间仓促，条文释义难免存在有待商榷之处。本书不是《规定》的最终解释，只是作为相关业务研究的参考资料，《规定》涉及的有关疑难问题将通过召回实践不断研究解决。书中若有不妥和疏漏之处，敬请指正。

本书编委会

2021年12月

目 录

第一部分 规 章

第二部分 条文要义

第三部分 相关法律

第一部分
规　章

国家市场监督管理总局
中华人民共和国生态环境部

令

第 40 号

　　《机动车排放召回管理规定》已经 2021 年 3 月 30 日国家市场监督管理总局第 6 次局务会议审议通过，并经生态环境部同意，现予公布，自 2021 年 7 月 1 日起施行。

市场监管总局局长：张　工

生态环境部部长：黄润秋

2021 年 4 月 27 日

机动车排放召回管理规定

第一条 为了规范机动车排放召回工作，保护和改善环境，保障人体健康，根据《中华人民共和国大气污染防治法》等法律、行政法规，制定本规定。

第二条 在中华人民共和国境内开展机动车排放召回及其监督管理，适用本规定。

第三条 本规定所称排放召回，是指机动车生产者采取措施消除机动车排放危害的活动。

本规定所称排放危害，是指因设计、生产缺陷或者不符合规定的环境保护耐久性要求，致使同一批次、型号或者类别的机动车中普遍存在的不符合大气污染物排放国家标准的情形。

第四条 机动车存在排放危害的，其生产者应当实施召回。

进口机动车的进口商，视为本规定所称的机动车生产者。

第五条 国家市场监督管理总局会同生态环境部负责机动车排放召回监督管理工作。

国家市场监督管理总局和生态环境部可以根据工作需要，委托各自的下一级行政机关承担本行政区域内机动车排放召回监督管理有关工作。

国家市场监督管理总局和生态环境部可以委托相关技术机构承担排放召回的技术工作。

第六条 国家市场监督管理总局负责建立机动车排放召回信息系统和监督管理平台，与生态环境部建立信息共享机制，开展信息会商。

第七条　生态环境部负责收集和分析机动车排放检验检测信息、污染控制技术信息和排放投诉举报信息。

设区的市级以上地方生态环境部门应当收集和分析机动车排放检验检测信息、污染控制技术信息和排放投诉举报信息，并将可能与排放危害相关的信息逐级上报至生态环境部。

第八条　机动车生产者应当记录并保存机动车设计、制造、排放检验检测等信息以及机动车初次销售的机动车所有人信息，保存期限不得少于 10 年。

第九条　机动车生产者应当及时通过机动车排放召回信息系统报告下列信息：

（一）排放零部件的名称和质保期信息；

（二）排放零部件的异常故障维修信息和故障原因分析报告；

（三）与机动车排放有关的维修与远程升级等技术服务通报、公告等信息；

（四）机动车在用符合性检验信息；

（五）与机动车排放有关的诉讼、仲裁等信息；

（六）在中华人民共和国境外实施的机动车排放召回信息；

（七）需要报告的与机动车排放有关的其他信息。

前款规定信息发生变化的，机动车生产者应当自变化之日起 20 个工作日内重新报告。

第十条　从事机动车销售、租赁、维修活动的经营者（以下统称机动车经营者）应当记录并保存机动车型号、规格、车辆识别代号、数量以及具体的销售、租赁、维修等信息，保存期限不得少于5年。

第十一条 机动车经营者、排放零部件生产者发现机动车可能存在排放危害的，应当向国家市场监督管理总局报告，并通知机动车生产者。

第十二条 机动车生产者发现机动车可能存在排放危害的，应当立即进行调查分析，并向国家市场监督管理总局报告调查分析结果。机动车生产者认为机动车存在排放危害的，应当立即实施召回。

第十三条 国家市场监督管理总局通过车辆测试等途径发现机动车可能存在排放危害的，应当立即书面通知机动车生产者进行调查分析。

机动车生产者收到调查分析通知的，应当立即进行调查分析，并向国家市场监督管理总局报告调查分析结果。生产者认为机动车存在排放危害的，应当立即实施召回。

第十四条 有下列情形之一的，国家市场监督管理总局会同生态环境部可以对机动车生产者进行调查，必要时还可以对排放零部件生产者进行调查：

（一）机动车生产者未按照通知要求进行调查分析，或者调查分析结果不足以证明机动车不存在排放危害的；

（二）机动车造成严重大气污染的；

（三）生态环境部在大气污染防治监督检查中发现机动车可能存在排放危害的。

第十五条 国家市场监督管理总局会同生态环境部进行调查，可以采取下列措施：

（一）进入机动车生产者、经营者以及排放零部件生产者的生产经营场所和机动车集中停放地进行现场调查；

（二）查阅、复制相关资料和记录；

（三）向有关单位和个人询问机动车可能存在排放危害的情况；

（四）委托技术机构开展机动车排放检验检测；

（五）法律、行政法规规定的可以采取的其他措施。

机动车生产者、经营者以及排放零部件生产者应当配合调查。

第十六条 经调查认为机动车存在排放危害的，国家市场监督管理总局应当书面通知机动车生产者实施召回。机动车生产者认为机动车存在排放危害的，应当立即实施召回。

第十七条 机动车生产者认为机动车不存在排放危害的，可以自收到通知之日起 15 个工作日内向国家市场监督管理总局提出书面异议，并提交证明材料。

国家市场监督管理总局应当会同生态环境部对机动车生产者提交的材料进行审查，必要时可以组织与机动车生产者无利害关系的专家采用论证、检验检测或者鉴定等方式进行认定。

第十八条 机动车生产者既不按照国家市场监督管理总局通知要求实施召回又未在规定期限内提出异议，或者经认定确认机动车存在排放危害的，国家市场监督管理总局应当会同生态环境部书面责令机动车生产者实施召回。

第十九条　机动车生产者认为机动车存在排放危害或者收到责令召回通知书的，应当立即停止生产、进口、销售存在排放危害的机动车。

第二十条　机动车生产者应当制定召回计划，并自认为机动车存在排放危害或者收到责令召回通知书之日起5个工作日内向国家市场监督管理总局提交召回计划。

机动车生产者应当按照召回计划实施召回。确需修改召回计划的，机动车生产者应当自修改之日起5个工作日内重新提交，并说明修改理由。

第二十一条　召回计划应当包括下列内容：

（一）召回的机动车范围、存在的排放危害以及应急措施；

（二）具体的召回措施；

（三）召回的负责机构、联系方式、进度安排等；

（四）需要报告的其他事项。

机动车生产者应当对召回计划的真实性、准确性及召回措施的有效性负责。

第二十二条　机动车生产者应当将召回计划及时通知机动车经营者，并自提交召回计划之日起5个工作日内向社会发布召回信息，自提交召回计划之日起30个工作日内通知机动车所有人，并提供咨询服务。

国家市场监督管理总局应当向社会公示机动车生产者的召回计划。

第二十三条　机动车经营者收到召回计划的，应当立即停止销售、租赁存在排放危害的机动车，配合机动车生产者实施召回。

机动车所有人应当配合生产者实施召回。机动车未完成排放召回的，机动车排放检验机构应当在排放检验检测时提醒机动车所有人。

第二十四条 机动车生产者应当采取修正或者补充标识、修理、更换、退货等措施消除排放危害，并承担机动车消除排放危害的费用。

未消除排放危害的机动车，不得再次销售或者交付使用。

第二十五条 机动车生产者应当自召回实施之日起每 3 个月通过机动车排放召回信息系统提交召回阶段性报告。国家市场监督管理总局、生态环境部另有要求的，依照其要求。

第二十六条 机动车生产者应当自完成召回计划之日起 15 个工作日内通过机动车排放召回信息系统提交召回总结报告。

第二十七条 机动车生产者应当保存机动车排放召回记录，保存期限不得少于 10 年。

第二十八条 国家市场监督管理总局应当会同生态环境部对机动车排放召回实施情况进行监督，必要时可以组织与机动车生产者无利害关系的专家对召回效果进行评估。

发现召回范围不准确、召回措施无法有效消除排放危害的，国家市场监督管理总局应当会同生态环境部通知生产者重新实施召回。

第二十九条 从事机动车排放召回监督管理工作的人员不得将机动车生产者、经营者和排放零部件生产者提供的资料或者专用设备用于其他用途，不得泄露获悉的商业秘密或者个人信息。

第三十条 违反本规定，有下列情形之一的，由市场监督管理部门责令改正，处三万元以下罚款：

（一）机动车生产者、经营者未保存相关信息或者记录的；

（二）机动车生产者、经营者或者排放零部件生产者不配合调查的；

（三）机动车生产者未提交召回计划或者未按照召回计划实施召回的；

（四）机动车生产者未按照要求将召回计划通知机动车经营者或者机动车所有人，或者未向社会发布召回信息的；

（五）机动车经营者收到召回计划后未停止销售、租赁存在排放危害的机动车的；

（六）机动车生产者未提交召回阶段性报告或者召回总结报告的。

第三十一条 机动车生产者依照本规定实施机动车排放召回的，不免除其依法应当承担的其他法律责任。

第三十二条 市场监督管理部门应当将责令召回情况及行政处罚信息记入信用记录，依法向社会公布。

第三十三条 非道路移动机械的排放召回，以及机动车存在除排放危害外其他不合理排放大气污染物情形的，参照本规定执行。

第三十四条 本规定自 2021 年 7 月 1 日起施行。

第二部分
条文要义

> 第一条 为了规范机动车排放召回工作,保护和改善环境,保障人体健康,根据《中华人民共和国大气污染防治法》等法律、行政法规,制定本规定。

【条文要义】本条是关于《机动车排放召回管理规定》(以下简称《规定》)立法目的与立法依据的规定。

一、《规定》的立法目的是规范机动车排放召回工作,保护和改善环境,保障人体健康

(一)规范机动车排放召回工作

排放召回是国际通行做法,在美国、日本、欧洲等发达国家和地区已经实施数十年,对推动机动车排放控制技术进步,降低机动车的排放水平,提高环境保护效果发挥了重要作用。2015 年,《中华人民共和国大气污染防治法》(以下简称《大气污染防治法》)修法时明确提出要建立我国机动车排放召回制度。虽然机动车排放召回与汽车产品安全召回的流程基本一致,但机动车排放召回具有鲜明的环境保护管理特点。借鉴国外经验,在充分总结产品安全召回实践基础上,《规定》规范了机动车排放召回的定义,召回的主体、范围、程序,有关信息报告制度、信息共享等内容。

（二）保护和改善环境

汽车产业是国民经济的支柱产业，也是体现国家竞争力的标志性产业。国家出台了一系列促进汽车、摩托车消费的政策，有效刺激了产业发展。当前，机动车保有量高速增长，为群众生产生活带来便利的同时，也带来了严重的大气污染问题。近年来，我国不断加大机动车污染防治力度，从新车环保准入、在用车环境监管、车用燃料清洁化等方面综合施策，为全面深化机动车污染物排放治理奠定了坚实基础。机动车排放召回是在用车环境监管的重要措施，是保护和改善环境的重要环节。

（三）保障人体健康

机动车大多行驶在人口密集区域，排放的尾气含有一氧化碳（CO）、碳氢化合物（C_xH_y）、氮氧化物（NO_x）和颗粒物（PM）等对人体产生不良影响的污染物，不仅会损害人体呼吸系统，因其颗粒物直径非常小，还能直接进入血液，对人体的心血管系统、神经系统和免疫系统造成危害。2019 年全国机动车四项污染物排放总量为 1603.8 万 t，汽车是污染物排放总量的主要"贡献者"，排放的 CO、C_xH_y、NO_x 和 PM 超过 90%。排放召回能够有效消除已售机动车因设计、生产缺陷导致的大气污染物排放超标，从而保障人体健康。

二、《规定》的立法依据是《大气污染防治法》等法律、行政法规

（一）《大气污染防治法》是《规定》的上位法依据

2015 年 8 月第十二届全国人大常务委员会第十六次会议审议通过《大气污染防治法》（主席令第三十一号）。该法第五十八条规定："国家建立机动车和非道路移动机械环境保护召回制度。生产、进口企业获知机动车、非道路移动机械排放大气污染物超过标准，属于设计、生产缺陷或者不符合规定的环境保护耐久性要求的，应当召回；未召回的，由国务院市场监督管理部门会同国务院生态环境主管部门责令其召回。"该条明确市场监管总局与生态环境部共同负责建立机动车排放召回制度。据此，市场监管总局联合生态环境部多次调研、研讨、论证、修改，就《规定》中机动车排放信息收集途径、调查与认定规范、召回监督管理、排放相关零部件担保责任等重点内容达成一致意见。

（二）《缺陷汽车产品召回管理条例》等未作为《规定》的上位法依据

2020 年 5 月 28 日，十三届全国人大三次会议表决通过《中华人民共和国民法典》（以下简称《民法典》）。该法第一千二百零六条规定："产品投入流通后发现存在缺陷的，生产者、销售者应当及时采取停止销售、警示、召回等补救措施；未及时采取补救

措施或者补救措施不力造成损害扩大的，对扩大的损害也应当承担侵权责任。"

《中华人民共和国消费者权益保护法》（以下简称《消费者权益保护法》）第十九条规定："经营者发现其提供的商品或者服务存在缺陷，有危及人身、财产安全危险的，应当立即向有关行政部门报告和告知消费者，并采取停止销售、警示、召回、无害化处理、销毁、停止生产或者服务等措施。采取召回措施的，经营者应当承担消费者因商品被召回支出的必要费用。"第三十三条规定："有关行政部门发现并认定经营者提供的商品或者服务存在缺陷，有危及人身、财产安全危险的，应当立即责令经营者采取停止销售、警示、召回、无害化处理、销毁、停止生产或者服务等措施。"第五十六条规定："拒绝或者拖延有关行政部门责令对缺陷商品或者服务采取停止销售、警示、召回、无害化处理、销毁、停止生产或者服务等措施的，除承担相应的民事责任外，其他有关法律、法规对处罚机关和处罚方式有规定的，依照法律、法规的规定执行；法律、法规未作规定的，由工商行政管理部门或者其他有关行政部门责令改正，可以根据情节单处或者并处警告、没收违法所得、处以违法所得一倍以上十倍以下的罚款，没有违法所得的，处以五十万元以下的罚款；情节严重的，责令停业整顿、吊销营业执照。"

2012 年 10 月 10 日，国务院第 219 次常务会议通过《缺陷汽车产品召回管理条例》（国务院令第 626 号），在行政法规层面对汽车产品安全召回管理作出规定，明确汽车产品安全缺陷的定义、内涵、责任主体、管理体制等内容。

《民法典》《消费者权益保护法》《缺陷汽车产品召回管理条例》规定的召回均为产品安全召回。虽然排放召回与汽车安全召回的流程基本一致，但涉及的管理部门、适用范围、召回条件、排放信息收集途径、调查与认定规范、召回监督管理、排放相关零部件信息报告义务等内容均不相同。因此，《规定》不再将《民法典》《消费者权益保护法》《缺陷汽车产品召回管理条例》作为直接依据，而笼统地表述为《大气污染防治法》等法律、行政法规。

> **第二条** 在中华人民共和国境内开展机动车排放召回及其监督管理，适用本规定。

【条文要义】本条是关于《规定》适用范围的规定。

一、《规定》适用的产品范围

（一）机动车

GB 7258—2017《机动车运行安全技术条件》定义，机动车指由动力装置驱动或牵引，上道路行驶的供人员乘用或用于运送物品以及进行工程专项作业的轮式车辆，主要包括汽车及汽车列车、摩托车、拖拉机运输机组、轮式专用机械车、挂车。

1. 汽车及汽车列车

（1）汽车

汽车是指由动力驱动、具有四个或四个以上车轮的非轨道承载的车辆，包括与电力线相连的车辆（如无轨电车），以及由动力驱动、非轨道承载的三轮车辆。主要用于载运货物（物品）、牵引载运货物（物品）及其他用途、专项作业。

a）载客汽车。设计和制造上主要用于载运人员的汽车，包括装置有专用设备或器具但以载运人员为主要目的的汽车。这类汽车包括：乘用车、旅居车、客车、校车等。

b）载货汽车。设计和制造上主要用于载运货物或牵引挂车的汽车，包括装置有专用设备或器具但以载运货物为主要目的的汽车，或由非封闭式货车改装的，虽装置有专用设备或器具，但不属于专项作业车的汽车。这类汽车包括：货车、半挂牵引车、三轮汽车和低速货车等。

c）专项作业车及其他车辆。专项作业车指装置有专用设备或器具，在设计和制造上用于工程专项（包括卫生医疗）作业的汽车，如汽车起重机、消防车、混凝土泵车、清障车、高空作业车、扫路车、吸污车、钻机车、仪器车、检测车、监测车、电源车、通信车、电视车、采血车、医疗车、体检医疗车等。

其他车辆种类主要包括：气体燃料汽车、两用燃料汽车、双燃料汽车、纯电动汽车、插电式混合动力汽车、燃料电池汽车、教练车、残疾人专用汽车等。

d）由动力驱动、非轨道承载的三轮车辆。这类车包括：整车整备质量超过 400 kg、不带驾驶室、用于载运货物的三轮车辆；整车整备质量超过 600 kg、不带驾驶室、不具有载运货物结构或功能且设计和制造上最多乘坐 2 人（包括驾驶人）的三轮车辆；整车整备质量超过 600 kg 的带驾驶室的三轮车辆。

（2）汽车列车

汽车列车是指由汽车（低速汽车除外）牵引挂车组成，包括乘用车列车、货车列车和铰接列车。

2. 摩托车

摩托车是指由动力装置驱动的，具有两个或三个车轮的道路车辆，主要包括：两轮普通摩托车、边三轮摩托车、正三轮摩托车和两轮轻便摩托车、正三轮轻便摩托车。但不包括以下类型：

（1）整车整备质量超过 400 kg、不带驾驶室、用于载运货物的三轮车辆；

（2）整车整备质量超过 600 kg、不带驾驶室、不具有载运货物结构或功能且设计和制造上最多乘坐 2 人（包括驾驶人）的三轮车辆；

（3）整车整备质量超过 600 kg 的带驾驶室的三轮车辆；

（4）最大设计车速、整车整备质量、外廓尺寸等指标符合相关国家标准和规定的，专供残疾人驾驶的机动轮椅车；

（5）符合电动自行车国家标准规定的车辆。

3. 拖拉机运输机组

拖拉机运输机组是指由拖拉机牵引一辆挂车组成的用于载运货物的机动车，包括轮式拖拉机运输机组和手扶拖拉机运输机组。

4. 轮式专用机械车

轮式专用机械车是指有特殊结构和专门功能，装有橡胶车轮，可以自行行驶，最大设计车速大于 20 km/h 的轮式机械，如装载机、平地机、挖掘机、推土机等，但不包括叉车。

5. 挂车

挂车是指设计和制造上需由汽车或拖拉机牵引，才能在道路上正常使用的无动力道路车辆，主要用于载运货物或特殊用途。其种类包括牵引杆挂车、中置轴挂车、半挂车和旅居挂车。

（二）非道路移动机械

根据 GB 20891《非道路移动机械用柴油机排气污染物排放限值及测量方法（中国第三、四阶段）》，非道路移动机械是指用于非道路上的，既能自驱动又能进行其他功能操作的机械或不能自驱动，但被设计成能够从一个地方移动或被移动到另一个地方的机械。其种类包括但不限于以下机械：工程机械（包括挖掘机械、铲土运输机械、起重机械、叉车、压实机械、路面施工与养护机械、混凝土机械、掘进机械、桩工机械、高空作业机械、凿岩机械等）；农业机械（包括拖拉机、联合收割机等）；林业机械；机场地勤设备；材料装卸机械；雪犁装备；工业钻探设备；空气压缩机；发电机组；渔业机械（增氧机、池塘挖掘机等）；水泵。

《大气污染防治法》明确国家建立机动车和非道路移动机械环境保护召回制度。因此，《规定》在第三十三条明确非道路移动机械的排放召回及其监督管理参照本规定执行。

二、《规定》适用的地区范围

2012 年 6 月 30 日，第十一届全国人大常委会第二十七次会议通过《中华人民共和国出境入境管理法》（主席令第五十七号）。该法第八十九条规定："出境，是指由中国内地前往其他国家或者地区，由中国内地前往香港特别行政区、澳门特别行政区，由中国大陆前往台湾地区。""入境，是指由其他国家或者地区进入中国内地，由香港特别行政区、澳门特别行政区进入中国内地，由台湾地区进入中国大陆。"因此，《规定》中"中华人民共和国境内"不包括香港特别行政区、澳门特别行政区和台湾地区。

三、《规定》规范的行为范围

包括两类：一是机动车生产者实施的排放召回活动，二是市场监管总局会同生态环境部对机动车排放召回活动的监督管理。

（一）排放召回活动

排放召回的主要环节包括线索收集、调查分析、制定召回计划、向有关主管部门报告、停止生产与销售、发布召回信息、召回实施与效果评估等。

（二）对活动的监督管理

根据《规定》，市场监管总局会同生态环境部履行对机动车生产者实施排放召回各环节进行监督和管理的职责，确保排放召回结果能达到预定的目标。主要内容包括：信息（收集与分析）管理和共享机制、排放危害调查、排放危害评估、排放检测、召回计划形式审查、相关信息公布、召回实施过程监督、召回效果评估等。

第三条　本规定所称排放召回，是指机动车生产者采取措施消除机动车排放危害的活动。

本规定所称排放危害，是指因设计、生产缺陷或者不符合规定的环境保护耐久性要求，致使同一批次、型号或者类别的机动车中普遍存在的不符合大气污染物排放国家标准的情形。

【条文要义】本条是关于"排放召回"和"排放危害"定义的规定。

一、排放召回

排放召回是指机动车生产者采取措施消除机动车排放危害的活动。包括3个方面的含义：

一是排放召回的责任主体是机动车生产者。

二是召回的对象是生产者已售出的机动车产品。"已售出"是指该机动车的产权依法从生产者拥有转变为其他组织或自然人所拥有。对于进口机动车产品，尚未办理海关进口手续的不包含在内，但这部分车辆如果存在排放危害，必须在消除排放危害之后才能销售。生产者在报告召回的机动车产品数量和范围时，应当将其已经销售给经销商但尚未出售给最终用户的在途或者库存的车辆涵盖在内。

三是召回是机动车生产者为消除排放危害所采取的措施，包括确认排放危害、制定召回计划、通知用户、消除危害、召回总结报告等。

二、排放危害

在排放召回中，用"危害"取代了《缺陷汽车产品召回管理条例》中的"缺陷"，以避免与概念混淆。排放危害包括以下三种情形：

（1）由于设计、生产原因导致机动车排放大气污染物超过标准。《规定》涉及的大气污染物排放标准主要指国家标准，不包括地方标准。根据《中华人民共和国环境保护法》（以下简称《环境保护法》）和《大气污染防治法》规定，机动车船、非道路移动机械污染物排放标准由国务院环境保护主管部门制定，具有强制约束力，任何单位和个人不得生产、进口或者销售大气污染物排放超过标准的机动车船、非道路移动机械。确认排放危害时，按照"老车老标准、新车新标准"的原则，执行相应阶段的机动车污染物排放标准。

（2）由于设计、生产原因导致机动车不符合规定的环境保护耐久性要求。环境保护耐久性要求是指在正常使用条件下和正常寿命周期内，整车和污染控制装置耐久性试验符合标准规定的限值。环境保护耐久性反映了机动车在实际使用条件下污染物排放状况和对环境影响程度的重要性能。不符合规定的环境保护耐久性要求的情形比较多，比如：《轻型汽车污染物排放限值及测量方法（中国第六阶段）》规定，6a 阶段耐久里程为 16 万 km，6b 阶段耐久里程为 20 万 km（2023 年 7 月 1 日前，耐久里程可为 16 万 km）。《重型柴油车污染物排放限值及测量方法（中国第六阶段）》规定，对于 M_1、N_1 和 M_2 车辆，耐久性要求为行驶里程 20 万 km 或使用时间 5 年；对于 N_2 类车辆，最大设计总质量不超过 18t 的 N_3 类车辆、M_3 类车辆中的 Ⅰ 级、Ⅱ 级和 A 级车辆，最大设计总质量不超过 7.5t 的 M_3 类中的 B 级车辆，耐久性要求为行驶里程 30 万 km 或使用时间 6 年；对于最大设计总质量超过

18t 的 N_3 类车辆，M_3 类中的 III 级车辆，最大设计总质量超过 7.5t 的 M_3 类中的 B 级车辆，耐久性要求为行驶里程 70 万 km 或使用时间 7 年；其中，行驶里程和使用时间以先到为准。生产者应当采取必要的技术措施，保障机动车在正常使用条件下和正常寿命周期内，能有效控制污染满足规定的限值要求。

（3）由于设计、生产原因导致机动车出现不符合排放标准或不合理排放的情形。不符合排放标准或不合理排放的情形是在总结国外排放召回实践基础上提出的。不符合排放标准指机动车排放污染物满足标准要求，但存在排放控制用车载诊断（OBD）系统、排放系统使用软管及其接头、油箱盖防止燃油蒸发物排放、排放相关电控系统等要求不符合标准的情形。2015 年德国大众在所产车辆内安装非法软件，导致车辆在标准工况下测试的排放大气污染物符合标准限值，但在实际工况下污染物排放超过标准限值，这种情形属于通过安装欺诈装置导致的不合理排放。

第四条　机动车存在排放危害的，其生产者应当实施召回。进口机动车的进口商，视为本规定所称的机动车生产者。

【条文要义】本条是关于机动车排放召回责任主体的规定。

排放召回的责任主体是机动车生产者。《大气污染防治法》第五十八条明确机动车生产及进口企业负责召回实施。机动车生产者是指在中国境内依法设立的生产机动车并以其名义颁发产品合格证的企业。从中国境外进口机动车到境内销售的进口商，视为生产者。

第五条　国家市场监督管理总局会同生态环境部负责机动车排放召回监督管理工作。

国家市场监督管理总局和生态环境部可以根据工作需要，委托各自的下一级行政机关承担本行政区域内机动车排放召回监督管理有关工作。

国家市场监督管理总局和生态环境部可以委托相关技术机构承担排放召回的技术工作。

【条文要义】本条是关于机动车排放召回监督管理职责的规定。

一、市场监管总局会同生态环境部负责机动车排放召回监督管理工作

市场监管总局负责建立并统一实施缺陷召回管理制度。根据《缺陷汽车产品召回管理条例》《缺陷汽车产品召回管理条例实施办法》（原质检总局令第 176 号），截至 2020 年底，累计实施汽车召回 2191 次，涉及缺陷车辆 8256.25 万辆，在保护消费者人身安全的同时，引导企业改进共性的设计和制造问题，推动车辆质量

安全水平不断提升。

生态环境部负责机动车环保管理。对新生产机动车的环境管理，主要通过制定和实施机动车污染物排放标准，从设计、定型、生产、销售等环节加强环境监管。2017年之前机动车的环境管理是型式核准制度，以车型认证、车型管理为主。2017年1月1日起，机动车实施环保信息公开制度，需要每辆车上传随车清单，以单车管理为主。通过机动车生产企业的环保生产一致性自查和主管部门的新车环保达标监督检查等手段对车辆批量生产、销售环节进行环境监管。

环保召回涉及召回和环保两方面，需要市场监管总局和生态环境部各自发挥职能优势，在信息收集、排放危害调查与认定、责令召回、召回实施监督等召回管理环节联合开展工作，提高工作效能，以降低在用机动车排放超标带来的环境危害。

二、根据工作需要，委托地方市场监管和生态环境部门开展排放召回监管

根据工作需要，省级市场监督管理部门按照市场监管总局的委托承担本行政区域内机动车排放召回监督管理的有关工作；省级生态环境部门按照生态环境部的委托承担本行政区域内机动车排放召回监督管理的有关工作。排放危害调查过程中，需要地方市场监管和生态环境部门协助部分工作，如进入当地生

产者、经营者的生产经营场所进行现场调查，收集和核实当地的机动车环境问题，协助开展机动车排放召回过程监督和效果评估，等等。

三、委托技术机构承担排放召回技术工作

排放危害线索的梳理分析、排放危害的技术评估与确认等工作技术要求高，需要专业的技术机构支撑。借鉴缺陷汽车产品召回实践，市场监管总局和生态环境部可以委托相关技术机构，承担排放召回的技术工作。主要包括：

（1）线索收集分析。多渠道收集能够反映机动车可能存在排放危害的各类信息，如机动车环境保护检验检测信息、污染控制技术信息、环境保护投诉举报信息、消费者排放危害线索报告信息、车辆测试信息、媒体舆情信息、国外机动车排放召回信息等。汇总、梳理和初步评估信息，形成排放危害线索。

（2）技术调查认定。组织技术专家对相关排放技术、可能存在的排放危害进行研判，适时开展用户回访调查、工程技术试验等，配合行政主管部门开展生产者、经营者现场调查等。

（3）规范召回计划。对生产者报告的机动车排放召回计划材料提出规范性建议。

（4）召回效果评估。根据生产者报告的召回计划、召回阶段性总结、召回总结，分析召回措施有效性，评估召回实施效果。

> 第六条 国家市场监督管理总局负责建立机动车排放召回信息系统和监督管理平台，与生态环境部建立信息共享机制，开展信息会商。

【条文要义】本条是关于市场监管总局建立机动车排放召回信息系统和信息共享机制的规定。

一、市场监管总局负责建立机动车排放召回信息系统和监督管理平台

根据《缺陷汽车产品召回管理条例》《缺陷汽车产品召回管理条例实施办法》，市场监管总局建立了缺陷汽车产品召回信息管理系统。通过该系统，实现了全国汽车产品缺陷线索信息收集监测、生产企业召回计划及其他法定信息备案、缺陷调查案件管理、召回过程监督评估、召回产品信息追溯、召回信息发布以及公众信息查询服务等功能，并据此形成了汽车安全领域的关键数据仓库和自动化分析工具，有力地支撑了我国缺陷汽车产品召回制度的实施。

为保障全国机动车排放召回工作的有序开展，提高排放召回管理工作效能，市场监管总局组织建设了机动车排放召回信息系统和监督管理平台。机动车排放召回信息系统主要实现排放危害

线索信息的收集监测、生产企业排放召回计划及其他法定报告信息的提交和评估、召回产品信息追溯、排放召回信息发布以及提供公众信息查询服务等功能。监督管理平台主要实现排放危害线索分析、调查案件管理、召回过程监督和效果评估，以及与生态环境部门的信息同享和业务协同等功能。为最大程度减轻企业重复填报负担，上述系统和平台充分利用了缺陷汽车产品召回的资源和数据基础。

《规定》中需向市场监管总局报告的信息均通过上述系统和平台，后文不再赘述。

二、市场监管总局与生态环境部建立信息共享机制

机动车排放危害线索与汽车缺陷线索的主要来源不同，主要原因包括：一是汽车缺陷涉及消费者人身财产安全，消费者通常有意愿主动报告的缺陷信息。但机动车排放危害主要是对国家、公共利益造成损害，消费者不易察觉其对自身健康的直接影响。二是随着机动车排放标准不断加严，第五阶段柴油车污染物排放标准实施后，柴油车需按规定添加尿素或者加装颗粒捕捉器，导致消费者使用成本增加，部分车辆会因人为故意违规使用，造成排放超标。

目前，生态环境部门掌握的机动车排放型式检验、生产一致性排放检验、在用符合性排放检验等信息，是排放危害线索的主要来

源。生态环境部将上述信息，共享给市场监管总局。市场监管总局会同生态环境部，组织相关技术机构和专家，进行信息会商。

三、信息会商

机动车排放召回信息会商是对获取的与机动车排放相关的信息进行标签标注、信息聚类、关联分析和案例评估，并形成信息会商案例库的过程。通过信息会商，对汇总分析后的排放问题信息进行技术分析和讨论，初步研判机动车是否可能存在排放危害，梳理形成排放危害线索。

第七条　生态环境部负责收集和分析机动车排放检验检测信息、污染控制技术信息和排放投诉举报信息。

设区的市级以上地方生态环境部门应当收集和分析机动车排放检验检测信息、污染控制技术信息和排放投诉举报信息，并将可能与排放危害相关的信息逐级上报至生态环境部。

【条文要义】本条是关于生态环境部门收集分析排放信息的规定。

本条明确了生态环境部收集机动车排放信息的内容，包括机动车排放检验检测信息、污染控制技术信息和排放投诉举报信息。《大气污染防治法》第五十五条规定："机动车生产、进口企业应当向社会公布其生产、进口机动车车型的排放检验信息、污染控制技术信息和有关维修技术信息。"2016 年 8 月 25 日，环境保护部发布《关于开展机动车和非道路移动机械环保信息公开工作的公告》(国环规大气〔2016〕3 号)，明确了企业应公开的环保信息，包括型式检验、生产一致性检验、在用符合性检验和出厂检验等信息；污染控制技术信息包括车机型基本参数、动力系信息、污染控制信息、传动系信息和其他相关信息。

机动车排放检验信息：机动车型式检验、生产一致性检验、在用符合性检验和出厂检验信息，包括检测结果、检验条件、仪器设备、检测机构信息等；在用车排放监督管理信息，包括机动车定期检验、下线检验、遥感监测、路检路查、重型车远程监控等数据。

机动车污染控制技术信息包括车机型基本参数，动力系信息，污染控制信息，传动系信息，排放相关部件索赔、修理以及维修等信息。

排放投诉举报信息是指公民、法人和其他组织向环境保护主管部门或者其他负有环境保护监督管理职能的部门投诉举报的任何单位和个人有污染环境和破坏生态行为的信息。《大气污染防治法》第三十一条规定："环境保护主管部门和其他负有大气环境保护监督管理职责的部门应当公布举报电话、电子邮箱等，方便公众举报。"《环境保护法》第五十七条规定："公民、法人和其他组织发现任何单位和个人有污染环境和破坏生态行为的，有权向环境保护主管部门或者其他负有环境保护监督管理职能的部门举报。"

第八条　机动车生产者应当记录并保存机动车设计、制造、排放检验检测等信息以及机动车初次销售的机动车所有人信息，保存期限不得少于 10 年。

【条文要义】本条是关于机动车生产者信息保存义务的规定。

《缺陷汽车产品召回管理条例》第九条规定："生产者应当建立并保存汽车产品设计、制造、标识、检验等方面的信息记录以及汽车产品初次销售的车主信息记录，保存期不得少于 10 年。"目的是确保生产者有效开展汽车产品缺陷分析和调查，确认缺陷产品范围，及时找到问题车辆，通过采取召回措施降低车辆安全风险。该规定是确保生产者能够及时、完整地召回缺陷汽车产品的基础。

参照《缺陷汽车产品召回管理条例》第九条，《规定》明确，机动车生产者应当记录并保存排放检验检测等信息。在相关排放标准中，也明确了生产者保存排放信息的要求。如 GB 17691—2018《重型柴油车污染物排放限值及测量方法（中国第六阶段）》规定，生产企业应保存每一台车辆或发动机的排放召回、维修或改造记录，保存期至少 10 年。GB 18352.6—2016《轻型汽车污染物排放限值及测量方法（中国第六阶段）》规定，生产企业应详细记录排放质保相关部件的索赔、修理以及维修过程中记录的 OBD 故障的相关信息，相关的部件和系统故障的频率以及原因也应详细记录。

机动车排放信息管理要求生产者记录并保存机动车设计、制造、环境保护检验等方面的信息以及机动车初次销售的车主信息记录。包括：机动车设计图纸，工艺技术文件，零部件供应商和零部件改进变更信息，生产装配的参数控制和质量控制信息，生产设备调整和维修信息，机动车生产批次信息，机动车出厂检验信息，机动车事故检测和质量检验信息，机动车维修、保养和质保索赔信息等。

《规定》中关于时间和期限的要求，均参照《缺陷汽车产品召回管理条例》《缺陷汽车产品召回管理条例实施办法》，后文不再赘述。

第九条　机动车生产者应当及时通过机动车排放召回信息系统报告下列信息：

（一）排放零部件的名称和质保期信息；

（二）排放零部件的异常故障维修信息和故障原因分析报告；

（三）与机动车排放有关的维修与远程升级等技术服务通报、公告等信息；

（四）机动车在用符合性检验信息；

（五）与机动车排放有关的诉讼、仲裁等信息；

（六）在中华人民共和国境外实施的机动车排放召回信息；

（七）需要报告的与机动车排放有关的其他信息。

前款规定信息发生变化的，机动车生产者应当自变化之日起 20 个工作日内重新报告。

【条文要义】本条是关于机动车生产者向市场监管总局报告排放信息的规定。

在召回管理过程中，产品相关信息备案是国际惯例。在美国，汽车生产者要按照法律法规要求，向美国国家公路交通安全管理局备案汽车产品技术信息、车主信息、汽车产品在国外的召回信息、质保索赔信息、涉及人员伤亡的交通事故信息等。在我国，产品信息备案是监管部门展开排放危害调查、确认产品排放危害、督促企业召回实施的前提。《规定》明确了机动车生产者信息报告义务。需要报告的信息包括：

一、排放零部件的名称和质保期信息

GB 18352.6—2016《轻型汽车污染物排放限值及测量方法（中国第六阶段）》第 5.6.3 条规定："生产企业应至少对附录 A 中附件 AB 给出的排放相关零部件提供质保服务，其排放质保期不应低于附件 AB 给出的质保期。"GB 17691—2018《重型柴油车污染物排放限值及测量方法（中国第六阶段）》第 6.7.3 条规定："生产企业应至少对附件 AD 给出的排放相关零部件提供质保服务，其排放质保期不应短于表 6 给出的最短质保期。"《规定》要求报告的排放零部件名称和质保期信息见 GB 18352.6—2016 的附件 AB 和 GB 17691—2018 的附件 AD。

二、排放零部件的异常故障维修信息和故障原因分析报告

排放零部件的异常故障维修信息和故障原因分析报告是发现车辆排放危害的重要信息源。GB 18352.6—2016《轻型汽车污染物排放限值及测量方法（中国第六阶段）》第 8.4 条规定："生产企业应详细记录排放质保相关部件（见附录 A 中附件 AB）的索赔、修理以及维修过程中记录的 OBD 故障的相关信息，相关部件和系统的故障频率和原因也应详细记录。"企业按标准规定保存报告相关信息的同时，按《规定》通过信息平台向市场监管总局报告。

三、与机动车排放有关的维修与远程升级等技术服务通报、公告等信息

技术服务通报、公告是机动车生产者为解决一般的批次性机动车存在的环境保护问题而采取的技术服务活动通知，一般会明确某一个范围内车辆存在的问题及要求采取的维修措施。非排放危害问题可通过技术服务活动解决，但如果其属于《规定》中的排放危害问题，则需通过召回方式解决。其中，OTA（Over-the-Air Technology，空中下载技术）作为当今智能网联技术发展的一个重要领域，为了防止机动车生产者随意静默升级，损害用户知情权，将测试不完善或半成品推向市场或把 OTA 作为逃避召回的手段，《规定》明确与排放相关的远程升级要通过信息平台向市场

监管总局报告。

四、机动车环保在用符合性检验信息

机动车环保在用符合性信息包括企业自查和生态环境部门抽查相关信息。企业自查信息包括：某车型（系族）在用符合性自主检查规程、轻型汽车阶段检查和跟踪检查信息及检查报告、重型柴油（燃气）车在生态环境部门人员监督下进行自主检查时的检查信息及检查报告等。生态环境部门抽查信息包括：轻型样车Ⅰ型试验、Ⅳ型试验和OBD检查信息及检查报告等；重型柴油（燃气）车样车车载排放试验、OBD检查信息及检查报告等。

五、与机动车排放有关的诉讼、仲裁等信息

主要包括因机动车排放问题发生争议，争议双方就解决纠纷提请诉讼或者仲裁的相关信息。

六、境外实施机动车排放召回的信息

获取境外召回信息是及时发现问题并对机动车进行监管的重要信息来源。本条规定生产者应向国务院市场监管部门及时报告机动车产品在境外实施排放召回的信息，主要包括：

（1）实施排放召回的国家和地区、召回编号、报告日期、召回日期，是否因国外召回主管部门调查而召回等。

（2）实施排放召回的车辆信息，包括制造商、车型、VIN 范围、发动机号范围、生产日期、召回数量等。

（3）相关排放危害信息，包括危害原因、可能后果、召回措施等。

（4）中国国内类似车型销售及排放信息，对于车型相同、结构相似或零部件相同但却在国内不召回的，应当说明具体原因并提供充足的证明材料。

七、需要报告的其他信息

国务院市场监管部门会同生态环境部门，根据排放召回管理情况，确定要求备案的其他相关信息，如生产者基本信息、排放技术参数、产品经销和售后服务渠道等。

第十条 从事机动车销售、租赁、维修活动的经营者（以下统称机动车经营者）应当记录并保存机动车型号、规格、车辆识别代号、数量以及具体的销售、租赁、维修等信息，保存期限不得少于 5 年。

【条文要义】本条是关于经营者保存机动车信息义务的规定。

《规定》所称经营者，包括机动车销售商、租赁商和维修商。机动车经营者在销售、租赁和维修机动车时，能够接触、获取或形成机动车销售、租赁、维修信息。机动车经营者应当建立相关的内部管理制度，记录机动车型号、规格、车辆识别代号、数量以及具体的销售、租赁、维修等信息，并妥善保存这些信息。

> 第十一条　机动车经营者、排放零部件生产者发现机动车可能存在排放危害的，应当向国家市场监督管理总局报告，并通知机动车生产者。

【条文要义】本条是关于机动车经营者、排放零部件生产者报告和通知义务的规定。

机动车经营者、排放零部件生产者在日常经营活动中可能会获取机动车可能存在排放危害的信息，例如，维修商在维修某汽车故障时，可能会发现同品牌同型号的其他车辆也出现同样或类似的排放问题，基于专业知识和实践经验判断，认为汽车产品可能存在排放危害，或者可能发现某些车辆容易出现排放超标问题，应当及时向市场监管总局报告。

在向主管部门报告的同时，机动车经营者、排放零部件生产者还应通知机动车生产者，以便机动车生产者及时了解车辆排放实际情况，尽早研判是否存在排放危害。

> 第十二条　机动车生产者发现机动车可能存在排放危害的，应当立即进行调查分析，并向国家市场监督管理总局报告调查分析结果。机动车生产者认为机动车存在排放危害的，应当立即实施召回。

【条文要义】本条是关于机动车生产者开展调查分析并实施召回的规定。

一、发现排放危害线索

通常机动车生产者可以通过多个渠道获取机动车产品可能存在排放危害的信息，如机动车销售商、租赁商和维修商掌握的车辆排放相关保养、维修、索赔等信息；排放零部件生产者提供的零部件生产、设计问题；机动车生产者在设计、制造、出厂检验、售后服务等环节发现的与排放相关的问题，以及媒体报道、检测机构的检测报告或者司法诉讼等反映的产品排放问题；进口商获得的相关车型在境外实施排放召回或被调查的信息。

二、开展调查分析

机动车生产者发现排放危害线索后，应当立即组织调查分析，开展信息筛查验证、工程试验检测等，形成排放危害调查分析报告，并将调查分析结果向市场监管总局报告。调查分析报告一般包括：线索来源与核实情况、调查分析过程、工程试验方法与结果、排放危害分析、调查结论和应对措施等。

三、实施召回

机动车生产者通过调查分析，确认机动车存在排放危害的，应立即向市场监管总局报告，并按照《规定》的要求，立即实施召回，消除排放危害。生产者提交的调查分析报告应包括：存在问题及起因背景、调查分析过程、分析方法、结论和应对措施。

> 第十三条　国家市场监督管理总局通过车辆测试等途径发现机动车可能存在排放危害的，应当立即书面通知机动车生产者进行调查分析。

【条文要义】本条是关于市场监管总局通知机动车生产者进行调查分析的规定。

一、发现排放危害线索

市场监管总局会同生态环境部，组织相关技术机构和专家开展信息会商，综合分析生态环境部的机动车排放型式检验、生产一致性排放检验、在用符合性排放检验等信息，企业的在用车认证项目、排放危害报告、在用车辆检查／维护数据等信息，以及消费者或机动车检验检测机构投诉等信息，梳理形成排放危害线索。

二、通知机动车生产者进行调查分析

针对上述排放危害线索，市场监管总局应当通过书面通知的形式，要求生产者开展调查分析。生产者在收到相关通知后，应当按要求开展调查分析，如果确认存在排放危害，应当按照《规定》实施召回。

第十四条　有下列情形之一的，国家市场监督管理总局会同生态环境部可以对机动车生产者进行调查，必要时还可以对排放零部件生产者进行调查：

（一）机动车生产者未按照通知要求进行调查分析，或者调查分析结果不足以证明机动车不存在排放危害的；

（二）机动车造成严重大气污染的；

（三）生态环境部在大气污染防治监督检查中发现机动车可能存在排放危害的。

【**条文要义**】本条是关于市场监管总局会同生态环境部直接进行调查的规定。

市场监管总局在发现排放危害线索后，首先交由生产者进行调查分析，这有利于更快速地查找排放问题的原因，提高召回监管效能。但在下列情形下，市场监管总局会同生态环境部可以直接进行排放危害调查，以确保公共安全和广大社会公众的利益。

一是市场监管总局通知生产者开展调查分析后，生产者没有在通知要求的期限内开展调查分析并提交调查结果；或者机动车生产者提交的调查分析结果，缺乏必要证明材料，不能证明机动车不存在排放危害；或者经专家分析评估后，认为生产者提交的调查分析结果不能合理证明其产品不存在排放问题。

二是机动车排放已经造成严重大气污染，或者市场监管总局认为机动车产品存在排放危害的可能性较大，且这种危害可能造成较大社会影响和严重大气污染。

三是生态环境部在其日常大气污染防治监督检查中，发现机动车可能存在排放危害的情形时，市场监管总局会同生态环境部可以直接开展调查，确认机动车是否存在排放危害。

四是如果机动车涉嫌存在排放危害的情形可能是由于零部件存在问题所导致，市场监管总局会同生态环境部可以对排放零部件生产者进行调查。

> 第十五条 国家市场监督管理总局会同生态环境部进行调查，可以采取下列措施：
>
> （一）进入机动车生产者、经营者以及排放零部件生产者的生产经营场所和机动车集中停放地进行现场调查；
>
> （二）查阅、复制相关资料和记录；
>
> （三）向有关单位和个人询问机动车可能存在排放危害的情况；
>
> （四）委托技术机构开展机动车排放检验检测；
>
> （五）法律、行政法规规定的可以采取的其他措施。
>
> 机动车生产者、经营者以及排放零部件生产者应当配合调查。

【条文要义】本条是关于市场监管总局和生态环境部开展调查可采取的措施及机动车生产者、经营者以及排放零部件生产者应当配合调查的规定。

一、调查的措施

调查的目的是获取机动车是否存在排放危害的证据。缺陷汽车产品召回为机动车排放召回积累了丰富经验，根据《大气污染防治法》，参考《缺陷汽车产品召回管理条例》，确定了市场监管总局和生态环境部履行排放召回管理职责时必要的排放危害调查权。

（一）进入机动车及排放零部件生产者、经营者的生产经营场所和机动车集中停放地现场。

（二）查阅、记录与机动车排放相关的真实原始证据和材料；复制企业的产品设计、生产销售信息以及相关管理资料，排放零部件质保期和异常故障维修信息，与机动车环境保护有关的维修与远程升级等技术服务通报、公告，机动车在用符合性检验信息，与机动车环境保护有关的诉讼、仲裁等信息。

（三）询问有关人员，佐证现场调查过程中发现的证据和材料。

（四）根据调查需要，市场监管总局和生态环境部可以委托技术机构开展机动车排放相关检测、试验、诊断和分析。

（五）能够采用其他法律、行政法规规定的调查措施。如《大气污染防治法》第二十九条规定，生态环境主管部门及其环境执法机构和其他负有大气环境保护监督管理职责的部门，有权通过现场检查监测、自动监测、遥感监测、远红外摄像等方式，对排放大气污染物的企业事业单位和其他生产经营者进行监督检查。被检查者应当如实反映情况，提供必要的资料。实施检查的部门、机构及其工作人员应当为被检查者保守商业秘密。

二、生产者、经营者配合的义务

生产者、经营者以及排放零部件生产者应当配合市场监督管理部门、生态环境部门开展的调查，提供相关资料、产品和专用设备，并如实回答调查询问，不得将与调查相关的书证、物证进行转移或者损毁，不得提供虚假材料，更不得阻碍调查人员进入现场获取相关资料和物证等。

> 第十六条　经调查认为机动车存在排放危害的，国家市场监督管理总局应当书面通知机动车生产者实施召回。机动车生产者认为机动车存在排放危害的，应当立即实施召回。

【条文要义】本条是关于市场监管总局通知召回和机动车生产者主动召回的规定。

一、通知召回

召回通知是指市场监管总局对经过排放危害调查，确认机动车存在排放危害，要求生产者采取措施消除排放危害的书面文书。生产者收到文书后，如果无异议，应当按照《规定》的程序立即实施召回；如果有异议，则应当根据《规定》第十七条的规定书面提出异议。

二、主动召回

无论机动车生产者是主动进行调查分析，还是被市场监管总局通知后进行调查分析，生产者主动确认其机动车存在排放危害而采取召回措施的，均为主动召回。

> 第十七条　机动车生产者认为机动车不存在排放危害的，可以自收到通知之日起 15 个工作日内向国家市场监督管理总局提出书面异议，并提交证明材料。
>
> 国家市场监督管理总局应当会同生态环境部对机动车生产者提交的材料进行审查，必要时可以组织与机动车生产者无利害关系的专家采用论证、检验检测或者鉴定等方式进行认定。

【条文要义】本条是关于机动车生产者提出异议、市场监管总局会同生态环境部对排放危害进行认定的程序规定。

一、提出异议程序

机动车生产者收到召回通知后，认为机动车不存在排放危害，应当按照本条第一款的规定，在收到通知之日起 15 个工作日内向市场监管总局提交书面的异议申请报告，同时提交机动车不存在排放危害的证明材料。其中，15 个工作日不包括收到召回通知的当日。

二、排放危害认定的程序

收到机动车生产者提出的异议材料后，市场监管总局会同生态环境部对异议材料进行形式审查后，组织与生产者无利害关系的专家，对包括异议材料在内的整个调查证据进行论证，最终认定机动车是否存在排放危害。

在论证过程中，专家意见认为情形复杂，需要对机动车产品排放进行补充检测或鉴定，才能最终认定排放危害、原因及危害程度的，市场监管总局应当会同生态环境部委托技术机构进行检测或者鉴定。

第十八条　机动车生产者既不按照国家市场监督管理总局通知要求实施召回又未在规定期限内提出异议，或者经认定确认机动车存在排放危害的，国家市场监督管理总局应当会同生态环境部书面责令机动车生产者实施召回。

【条文要义】本条是关于责令排放召回的规定。

责令召回属于行政命令，市场监管总局和生态环境部坚持审慎监管原则，在以下两种情况下，才能责令机动车生产者召回存在排放危害的机动车产品。

一是机动车生产者收到召回通知后，既不按通知要求主动召回，又不在 15 个工作日内提出异议和相关证明材料。

二是机动车生产者收到召回通知后，在规定的时间内提出异议，但经市场监管总局会同生态环境部按照《规定》第十七条第二款的规定，依然认定机动车存在排放危害的。

第十九条　机动车生产者认为机动车存在排放危害或者收到责令召回通知书的，应当立即停止生产、进口、销售存在排放危害的机动车。

【条文要义】本条是关于机动车生产者采取防止危害扩大措施的规定。

无论机动车生产者主动召回，还是被市场监管总局会同生态环境部责令召回，在确认或者被认定存在排放危害时，必须立即停止生产、进口、销售存在排放危害的机动车，以避免排放危害进一步扩大。其中，停止生产是指机动车生产者停止生产同品牌同型号存在同一排放问题的机动车。停止进口是指机动车进口商停止从中国境外进口同品牌同型号存在同一排放问题的机动车到中国境内销售。停止销售是指机动车生产者停止向从事机动车销售活动的经营者继续销售同品牌同型号存在同一排放问题的机动车，从事机动车销售活动的经营者停止向消费者继续销售同品牌同型号存在同一排放问题的机动车。

> 第二十条　机动车生产者应当制定召回计划，并自认为机动车存在排放危害或者收到责令召回通知书之日起5个工作日内向国家市场监督管理总局提交召回计划。
>
> 机动车生产者应当按照召回计划实施召回。确需修改召回计划的，机动车生产者应当自修改之日起5个工作日内重新提交，并说明修改理由。

【条文要义】本条是关于机动车生产者提交召回计划的规定。

一、需要制定召回计划的情形

根据《规定》第十二条、第十三条、第十六条、第十八条、第十九条规定，机动车生产者认为机动车存在排放危害的情形包括四种：一是机动车生产者根据自己掌握的信息，自行调查分析，确认机动车存在排放危害的；二是机动车生产者收到市场监管总局进行调查分析的通知后，自行调查分析，确认机动车存在排放危害的；三是市场监管总局会同生态环境部启动排放危害调查，确认机动车存在排放危害，通知机动车生产者召回后，机动车生产者认为机动车存在排放危害的；四是机动车生产者收到市场监管总局、生态环境部印发的责令召回通知书的。

二、需要修改召回计划的情形

机动车生产者向市场监管总局提交召回计划后，必须严格按照召回计划实施召回。但在召回实施过程中，发现召回计划存在除召回范围不准确、召回措施无法有效消除排放危害以外的问题，或者因配件供应等原因需调整召回实施日期、无法按照预定的时间达到预期召回完成率等，机动车生产者应当重新向市场监管总局提交召回计划，并说明修改召回计划的充分理由。

第二十一条 召回计划应当包括下列内容：

（一）召回的机动车范围、存在的排放危害以及应急措施；

（二）具体的召回措施；

（三）召回的负责机构、联系方式、进度安排等；

（四）需要报告的其他事项。

机动车生产者应当对召回计划的真实性、准确性及召回措施的有效性负责。

【条文要义】本条是关于机动车排放召回计划内容的规定。

召回计划是机动车生产者对召回活动的具体实施方案，也是主管部门实施召回监督的重要依据。召回计划的主要内容包括：

（1）召回的机动车范围，包括机动车名称、品牌、型号、规格、生产起止日期、VIN 码（如有）、涉及数量、生产批号或批次等；存在的排放危害，包括排放危害具体情形、产生原因、可能导致的后果；应急措施，包括在消除排放危害前，生产者可采取的避免危害进一步扩大的处置方法。

（2）机动车生产者对存在排放危害的机动车将按照《规定》第二十四条要求拟采取的具体措施，以及通知停止生产、进口、销售的措施和安排。

（3）机动车生产企业内部负责召回的机构，对外接受召回事宜咨询、给予车主召回指导的具体联系方式，以及召回启动时间、计划完成时间等进度安排。

（4）市场监管总局、生态环境部根据排放召回实际对机动车生产者提出的与机动车排放召回相关的其他事项，如涉及零部件问题的，机动车生产者需提供零部件生产者信息。

召回计划是机动车生产者实施召回、监管部门实施监督的依据，机动车生产者是召回计划有效性的第一责任人，应保证召回计划的真实性、准确性。

第二十二条　机动车生产者应当将召回计划及时通知机动车经营者，并自提交召回计划之日起 5 个工作日内向社会发布召回信息，自提交召回计划之日起 30 个工作日内通知机动车所有人，并提供咨询服务。

国家市场监督管理总局应当向社会公示机动车生产者的召回计划。

【条文要义】本条是关于召回计划通知的规定。

召回计划通知是召回实施的重要程序，主要包括以下4个方面。

一、生产者通知经营者

确认或者被认定机动车存在排放危害后，机动车生产者应当及时将机动车排放危害的情况以及召回计划通知经营者，方便经营者配合召回。

二、生产者向社会发布召回信息

机动车生产者应当自向市场监管总局提交召回计划之日起5个工作日内，以便于公众知晓的方式发布召回信息。机动车生产者发布的召回信息应当包括：机动车产品存在的排放危害、生产者消除排放危害的具体措施、存在排放危害的产品范围、咨询服务方式等。

三、生产者通知机动车所有人

机动车生产者应当自向市场监管总局提交召回计划之日起30个工作日内，通过信函、电话、电子邮件、短信、APP、公众号等方式通知机动车所有人，并提供咨询服务，便于所有人配合召回实施。

四、市场监管总局公示召回信息

排放危害因涉及环境保护和消费者人体健康等切身利益，根据《中华人民共和国政府信息公开条例》规定，市场监管总局应当及时公示生产者提交的召回计划，让社会公众积极参与、监督生产者的召回活动，最大范围地消除机动车排放危害。目前，市场监管总局向社会公示召回计划的方式或载体包括市场监管总局网站、总局缺陷产品管理中心网站及相关微信公众号等。

第二十三条　机动车经营者收到召回计划的，应当立即停止销售、租赁存在排放危害的机动车，配合机动车生产者实施召回。

机动车所有人应当配合生产者实施召回。机动车未完成排放召回的，机动车排放检验机构应当在排放检验检测时提醒机动车所有人。

【条文要义】本条是关于机动车经营者、所有人配合生产者实施召回，以及排放检验提醒的规定。

一、经营者义务

经营者虽然不是机动车排放召回的主体，但属于召回计划实施的重要参与者。经营者从机动车生产者处获知机动车产品存在排放危害及相关的召回计划后，应当立即停止销售、租赁存在排放危害的机动车并配合机动车生产者实施召回。

二、所有人义务

排放危害虽然不会直接影响机动车所有人的生命安全，但是污染防治是全社会共同的责任，机动车所有人应当配合机动车生产者实施召回。

三、排放检验提醒

为提高机动车排放召回完成率，切实减少排放污染，《规定》加强了排放召回与排放检验工作的衔接，明确机动车排放检验机构在机动车环境保护检验检测时，对召回范围的所有人予以提醒，督促机动车所有人配合完成排放召回。

第二十四条　机动车生产者应当采取修正或者补充标识、修理、更换、退货等措施消除排放危害，并承担机动车消除排放危害的费用。

未消除排放危害的机动车，不得再次销售或者交付使用。

【条文要义】本条是关于消除排放危害措施、费用承担及未消除排放危害的机动车不得再次销售或者交付使用的规定。

一、消除排放危害措施

机动车作为复杂的工业产品，排放危害消除措施可由生产者根据排放危害产生的具体原因和排放技术特性研究并制定，并对措施的有效性和可操作性承担责任。常见危害消除措施包括修正或者补充标识、修理、更换、退货等方式。随着技术发展，目前还包括但不限于 OTA 方式。

无论采取哪种措施，首先考虑的不应当是成本，而是措施的有效性。如果措施不能有效消除排放危害，或带来其他问题，生产者需要投入更多精力和费用进行重新召回。召回措施无效、生产者再次召回的情形在安全召回过程中已经发生多次，因此生产者需对措施的有效性进行研究论证，必要时进行充分的试验验证。

二、有关费用承担

机动车排放危害是由于产品设计、生产问题产生的，应由生产者对其产品负责，承担召回所需的相应费用。参考《缺陷产品召回管理条例》，机动车排放召回的费用主要涉及修正或补充标识、修理、更换和退货的费用。根据美国法律规定，如果召回措施是退换汽车，生产者可以适当收取折旧费，但是，实践中这类召回措施十分少见。排放召回并不免除其他法律对机动车生产者设定的义务，当事人可以依据合同法等其他民事法律请求民事赔偿。

三、未消除排放危害的机动车不得再次销售或者交付使用

已经进入流通领域或者已经交付所有人的机动车，确定存在排放危害的，在未对这些机动车消除排放危害之前，生产者、经营者不得将其销售到市场上或者交付车主使用。

第二十五条 机动车生产者应当自召回实施之日起每 3 个月通过机动车排放召回信息系统提交召回阶段性报告。国家市场监督管理总局、生态环境部另有要求的，依照其要求。

【条文要义】本条是关于机动车生产者提交召回阶段性报告的规定。

要求生产者提交召回阶段性报告的目的是敦促生产者完成召回计划，尽快消除排放危害。提交召回阶段性报告的时间要求主要参考了缺陷汽车产品召回的实践。《缺陷汽车产品召回管理条例实施办法》第三十条规定："生产者应当自召回实施之日起每 3 个月向质检总局提交一次召回阶段性报告。"美国《联邦行政法典》第 49 主题第 573.6 条规定："从开始通知车主的季度开始，每次安全召回活动都要提交季度状况报告。季度状况报告必须在各季度的下一个月的 30 号提交。"

召回阶段性报告的主要内容包括：已召回机动车的数量，已召回机动车占应召回机动车的比例，提高召回完成率的新措施（如有，需变更召回计划），其他情况等。

在排放危害造成严重后果、机动车排放问题社会关注度高等情况下，市场监管总局和生态环境部可以根据工作需要，对生产者提交阶段性报告作出进一步要求，比如提交报告的时间间隔少于 3 个月。

第二十六条　机动车生产者应当自完成召回计划之日起 15 个工作日内通过机动车排放召回信息系统提交召回总结报告。

【条文要义】本条是关于机动车生产者提交召回总结报告的规定。

按照提交市场监管总局的召回计划，机动车生产者完成了相关工作，视为完成召回计划。自完成召回计划之日起 15 个工作日内通过机动车排放召回信息系统提交召回总结报告。召回总结报告主要内容包括：机动车排放危害产生的原因、召回计划实施的详细情况、召回效果（包括已召回并消除排放违法的和仍未召回的产品数量，尚未召回的原因，以及所要采取的针对性措施，召回措施是否有效）、召回后有无新增的机动车排放故障等。

如果生产者提交召回总结时，召回完成率低于100%，并不代表整个召回活动结束。实践中，可能会遇到联系部分所有人困难的情形，导致截至召回计划中预设的召回结束时间时，仍有部分存在排放危害的机动车未能完成召回。这种情况下，虽然过了计划中的召回结束时间，生产者仍有义务继续完成召回。如果机动车所有人要求生产者按计划的召回措施消除机动车排放危害的，生产者不得拒绝。

需要说明的是，若召回实施周期不足 3 个月，可以将召回阶段性报告与总结报告合并。

第二十七条　机动车生产者应当保存机动车排放召回记录，保存期限不得少于 10 年。

【条文要义】本条是关于机动车生产者保存机动车排放召回记录及保存期限的规定。

召回记录是机动车生产者是否按召回计划实施的重要凭证，生产者应当建立并保存机动车排放召回记录。召回记录指对召回范围内车辆进行消除排放危害的记录，包括：修理更换零部件、退换车或升级系统等记录。

> 第二十八条　国家市场监督管理总局应当会同生态环境部对机动车排放召回实施情况进行监督，必要时可以组织与机动车生产者无利害关系的专家对召回效果进行评估。
>
> 发现召回范围不准确、召回措施无法有效消除排放危害的，国家市场监督管理总局应当会同生态环境部通知生产者重新实施召回。

【条文要义】本条是关于召回监督、重新召回的规定。

一、召回监督

机动车生产者按照召回计划实施召回后，市场监管总局会同生态环境部开展监督：生产者是否按照召回计划有效通知所有人配合召回实施，并提供咨询服务；是否通过媒体向社会公布召回信息；召回通知中的召回时间、召回措施等内容是否与召回计划一致；是否以有效方式通知经营者停止销售、进口或租赁存在排放危害的机动车；是否按照召回计划采取了消除排放危害措施；

是否对未消除排放危害的机动车再次销售或交付使用；消除排放危害的措施是否有效等。在有线索反映召回措施无效、召回活动社会影响大、排放危害严重等情况下，市场监管总局会同生态环境部组织与生产者无利害关系的专家对召回效果进行评估。评估的主要内容包括：召回完成比例和召回措施的有效性。召回监督、评估的主要方式包括：现场调查、数据采集分析、消费者回访、企业交流、专家评审等。

"与生产者无利害关系"是基于公平、公正的考虑，主要是指：不是生产者的股东或雇员；不是与生产者有共同利益或者竞争关系企业的雇员；与生产者无合同关系等。

二、重新召回

生产者调查分析确认召回范围不准确、召回措施无法有效消除排放危害的，应当按照《规定》第十二条、第十九条、第二十条、第二十二条、第二十四条等条款的规定，重新向市场监管总局报告调查分析结果、召回计划，实施召回。市场监管总局、生态环境部发现生产者已实施的召回活动存在召回范围不准确、召回措施无法有效消除排放危害的，按照《规定》第十六条规定，通知机动车生产者重新召回。

召回范围不准确，是指召回计划实施后发现需召回的机动车范围与召回计划相比应该有所扩大，或者召回过程中未按照召回计划报告的召回范围实施召回。召回措施无法有效消除排放危害，是指按照召回计划中的措施对机动车进行处置后，机动车仍然存在排放危害的情形。

第二十九条　从事机动车排放召回监督管理工作的人员不得将机动车生产者、经营者和排放零部件生产者提供的资料或者专用设备用于其他用途，不得泄露获悉的商业秘密或者个人信息。

【条文要义】本条是关于召回监管工作人员的相关禁止性规定。

一、从事机动车排放召回监督管理工作人员

包括市场监管部门，生态环境部门，受委托的技术机构，参与案件调查、试验、检测或技术评审的单位有关工作人员和专家。

二、资料或者专用设备

指排放危害调查过程中，要求机动车生产者、经营者和排放零部件生产者提供的资料、用于测试或试验的专用设备。

三、商业秘密和个人信息

根据《中华人民共和国反不正当竞争法》第九条规定，商业秘密是指不为公众所知悉、具有商业价值并经权利人采取相应保密措施的技术信息、经营信息等商业信息。

根据《中华人民共和国民法典》第一千零三十四条规定，个人信息是以电子或者其他方式记录的能够单独或者与其他信息结合识别特定自然人的各种信息，包括自然人的姓名、出生日期、身份证件号码、生物识别信息、住址、电话号码、电子邮箱、健康信息、行踪信息等。

第三十条　违反本规定，有下列情形之一的，由市场监督管理部门责令改正，处三万元以下罚款：

（一）机动车生产者、经营者未保存相关信息或者记录的；

（二）机动车生产者、经营者或者排放零部件生产者不配合调查的；

（三）机动车生产者未提交召回计划或者未按照召回计划实施召回的；

（四）机动车生产者未按照要求将召回计划通知机动车经营者或者机动车所有人，或者未向社会发布召回信息的；

（五）机动车经营者收到召回计划后未停止销售、租赁存在排放危害的机动车的；

（六）机动车生产者未提交召回阶段性报告或者召回总结报告的。

【条文要义】本条是关于违反《规定》承担法律责任的规定。

一、法律责任主体

《规定》明确承担法律责任的主体包括：机动车生产者、机动车经营者和排放零部件生产者。

二、相关违法行为

（一）机动车生产者、经营者违反《规定》第八条关于机动车生产者保存机动车设计、制造、排放检验检测等信息以及机动车初次销售的机动车所有人信息及保存期限的规定，以及第二十七条关于机动车生产者保存机动车排放召回记录及保存期限的规定的行为。

（二）机动车生产者、经营者以及排放零部件生产者违反《规定》第十五条关于配合调查义务的行为。

（三）机动车生产者违反《规定》第二十条关于提交召回计划、第二十四条关于按照召回计划实施召回的行为。

（四）机动车生产者违反《规定》第二十二条关于将召回计划通知机动车经营者或者机动车所有人，以及向社会发布召回信息规定的行为。

（五）机动车经营者违反《规定》第二十三条关于收到召回计划后停止销售、租赁存在排放危害的机动车规定的行为。

（六）机动车生产者违反《规定》第二十五条提交召回阶段性报告或第二十六条提交召回总结报告规定的行为。

三、责任追究主体

《规定》明确责任追究主体是市场监管部门，包括市场监管总局和受委托的地方市场监管部门。

四、违法后果

包括责令改正和罚款，二者并处。

（一）责令改正：对机动车和机动车排放零部件生产者、经营者有上述行为之一的，市场监督管理部门强制其改正违法行为。生产者、经营者被责令改正的，必须立即改正。

（二）罚款：行政处罚的一种，本条规定的罚款幅度是三万元以下，具体金额由实施处罚的市场监督管理部门按照相关行政处罚的规定，根据违法行为情节严重程度、后果大小等确定。

第三十一条　机动车生产者依照本规定实施机动车排放召回的，不免除其依法应当承担的其他法律责任。

【条文要义】本条是关于机动车生产者承担机动车排放召回以外的其他法律责任的规定。

《规定》仅从排放召回监督管理的角度，明确了生产者应当依照《规定》对存在排放危害的机动车履行召回义务，以及不履行召回义务将承担相应的法律责任。《规定》调整的范围有限。机动车生产者存在违反其他法律法规等规定的，应当承担相应的法律责任。

此外，因机动车排放危害给车主造成损失的，车主还可以依据我国现行民事法律的规定，要求生产者承担民事损害赔偿等法律责任。如果生产者因生产存在排放危害的机动车违反现行刑事法律，构成犯罪的，生产者还应承担刑事责任。

第三十二条　市场监督管理部门应当将责令召回情况及行政处罚信息记入信用记录，依法向社会公布。

【条文要义】本条是关于排放召回纳入信用管理的规定。

社会信用体系建设是提高政府治理水平和规范市场经济秩序

的治本之策。将责令机动车生产者召回，机动车生产者、经营者或者排放零部件生产者违反《规定》被行政处罚的情形，纳入信用记录并向社会公开，在一定程度上弥补了《规定》作为部门规章处罚额度过低的不足，倒逼生产者、经营者积极履行召回义务，切实保护和改善环境，保障人体健康。

> **第三十三条** 非道路移动机械的排放召回，以及机动车存在除排放危害外其他不合理排放大气污染物情形的，参照本规定执行。

【**条文要义**】本条是关于非道路移动机械排放召回参照执行的规定。

《大气污染防治法》第五十八条第一款明确规定："国家建立机动车和非道路移动机械环境保护召回制度。"由于非道路移动机械产品与机动车产品在产品种类、信息收集和分析等方面存在较大差别，且非道路移动机械产品由于量大面广、种类繁多、使用条件恶劣等原因，辨别因使用不当造成的排放超标还是因设计、制造原因产生的排放超标难度较大。因此《规定》明确，非道路移动机械的排放召回，参照本规定执行。

根据《大气污染防治法》第十三条第三款的规定，非道路移动机械，是指装配有发动机的移动机械和可运输工业设备。即用于非道路上的：（1）自驱动或具有双重功能，既能自驱动又能进行其他功能操作的机械；（2）不能自驱动，但被设计成能够从一个地方移动或被移动到另一个地方的机械。GB 20891—2014《非道路移动机械用柴油机排气污染物排放限值及测量方法（中国第三、四阶段）》规定，非道路移动机械包括但不限于工业钻探设备、工程机械（包括装载机、推土机、压路机、沥青摊铺机、非公路用卡车、挖掘机、叉车等）、农业机械（包括大型拖拉机、联合收割机等）、林业机械、材料装卸机械、雪犁装备、机场地勤设备、空气压缩机、发电机组、渔业机械（增氧机、池塘挖掘机等）、水泵。

第三十四条　本规定自 2021 年 7 月 1 日起施行。

【条文要义】本条是《规定》生效日期的规定。

《规定》于 2021 年 3 月 30 日经市场监管总局第 6 次局务会审议通过，经生态环境部同意，于 2021 年 4 月 27 日公布，自 2021 年 7 月 1 日起施行。

第三部分
相关法律

中华人民共和国主席令

第三十一号

《中华人民共和国大气污染防治法》已由中华人民共和国第十二届全国人民代表大会常务委员会第十六次会议于 2015 年 8 月 29 日修订通过，现将修订后的《中华人民共和国大气污染防治法》公布，自 2016 年 1 月 1 日起施行。

中华人民共和国主席　习近平

2015 年 8 月 29 日

中华人民共和国大气污染防治法

（1987年9月5日第六届全国人民代表大会常务委员会第二十二次会议通过 根据1995年8月29日第八届全国人民代表大会常务委员会第十五次会议《关于修改〈中华人民共和国大气污染防治法〉的决定》第一次修正 2000年4月29日第九届全国人民代表大会常务委员会第十五次会议第一次修订 2015年8月29日第十二届全国人民代表大会常务委员会第十六次会议第二次修订 根据2018年10月26日第十三届全国人民代表大会常务委员会第六次会议《关于修改〈中华人民共和国野生动物保护法〉等十五部法律的决定》第二次修正）

第一章 总 则

第一条 为保护和改善环境，防治大气污染，保障公众健康，推进生态文明建设，促进经济社会可持续发展，制定本法。

第二条 防治大气污染，应当以改善大气环境质量为目标，坚持源头治理，规划先行，转变经济发展方式，优化产业结构和布局，调整能源结构。

防治大气污染，应当加强对燃煤、工业、机动车船、扬尘、农业等大气污染的综合防治，推行区域大气污染联合防治，对颗粒物、二氧化硫、氮氧化物、挥发性有机物、氨等大气污染物和温室气体实施协同控制。

第三条　县级以上人民政府应当将大气污染防治工作纳入国民经济和社会发展规划，加大对大气污染防治的财政投入。

地方各级人民政府应当对本行政区域的大气环境质量负责，制定规划，采取措施，控制或者逐步削减大气污染物的排放量，使大气环境质量达到规定标准并逐步改善。

第四条　国务院环境保护主管部门会同国务院有关部门，按照国务院的规定，对省、自治区、直辖市大气环境质量改善目标、大气污染防治重点任务完成情况进行考核。省、自治区、直辖市人民政府制定考核办法，对本行政区域内地方大气环境质量改善目标、大气污染防治重点任务完成情况实施考核。考核结果应当向社会公开。

第五条　县级以上人民政府环境保护主管部门对大气污染防治实施统一监督管理。

县级以上人民政府其他有关部门在各自职责范围内对大气污染防治实施监督管理。

第六条　国家鼓励和支持大气污染防治科学技术研究，开展对大气污染来源及其变化趋势的分析，推广先进适用的大气污染防治技术和装备，促进科技成果转化，发挥科学技术在大气污染防治中的支撑作用。

第七条　企业事业单位和其他生产经营者应当采取有效措施，防止、减少大气污染，对所造成的损害依法承担责任。

公民应当增强大气环境保护意识，采取低碳、节俭的生活方式，自觉履行大气环境保护义务。

第二章　大气污染防治标准和限期达标规划

第八条　国务院环境保护主管部门或者省、自治区、直辖市人民政府制定大气环境质量标准，应当以保障公众健康和保护生态环境为宗旨，与经济社会发展相适应，做到科学合理。

第九条　国务院环境保护主管部门或者省、自治区、直辖市人民政府制定大气污染物排放标准，应当以大气环境质量标准和国家经济、技术条件为依据。

第十条　制定大气环境质量标准、大气污染物排放标准，应当组织专家进行审查和论证，并征求有关部门、行业协会、企业事业单位和公众等方面的意见。

第十一条　省级以上人民政府环境保护主管部门应当在其网站上公布大气环境质量标准、大气污染物排放标准，供公众免费查阅、下载。

第十二条　大气环境质量标准、大气污染物排放标准的执行情况应当定期进行评估，根据评估结果对标准适时进行修订。

第十三条　制定燃煤、石油焦、生物质燃料、涂料等含挥发性有机物的产品、烟花爆竹以及锅炉等产品的质量标准，应当明确大气环境保护要求。

制定燃油质量标准，应当符合国家大气污染物控制要求，并与国家机动车船、非道路移动机械大气污染物排放标准相互衔接，同步实施。

前款所称非道路移动机械，是指装配有发动机的移动机械和可运输工业设备。

第十四条　未达到国家大气环境质量标准城市的人民政府应当及时编制大气环境质量限期达标规划，采取措施，按照国务院或者省级人民政府规定的期限达到大气环境质量标准。

编制城市大气环境质量限期达标规划，应当征求有关行业协会、企业事业单位、专家和公众等方面的意见。

第十五条　城市大气环境质量限期达标规划应当向社会公开。直辖市和设区的市的大气环境质量限期达标规划应当报国务院环境保护主管部门备案。

第十六条　城市人民政府每年在向本级人民代表大会或者其常务委员会报告环境状况和环境保护目标完成情况时，应当报告大气环境质量限期达标规划执行情况，并向社会公开。

第十七条　城市大气环境质量限期达标规划应当根据大气污染防治的要求和经济、技术条件适时进行评估、修订。

第三章　大气污染防治的监督管理

第十八条　企业事业单位和其他生产经营者建设对大气环境

有影响的项目，应当依法进行环境影响评价、公开环境影响评价文件；向大气排放污染物的，应当符合大气污染物排放标准，遵守重点大气污染物排放总量控制要求。

第十九条 排放工业废气或者本法第七十八条规定名录中所列有毒有害大气污染物的企业事业单位、集中供热设施的燃煤热源生产运营单位以及其他依法实行排污许可管理的单位，应当取得排污许可证。排污许可的具体办法和实施步骤由国务院规定。

第二十条 企业事业单位和其他生产经营者向大气排放污染物的，应当依照法律法规和国务院环境保护主管部门的规定设置大气污染物排放口。

禁止通过偷排、篡改或者伪造监测数据、以逃避现场检查为目的的临时停产、非紧急情况下开启应急排放通道、不正常运行大气污染防治设施等逃避监管的方式排放大气污染物。

第二十一条 国家对重点大气污染物排放实行总量控制。

重点大气污染物排放总量控制目标，由国务院环境保护主管部门在征求国务院有关部门和各省、自治区、直辖市人民政府意见后，会同国务院经济综合主管部门报国务院批准并下达实施。

省、自治区、直辖市人民政府应当按照国务院下达的总量控制目标，控制或者削减本行政区域的重点大气污染物排放总量。

确定总量控制目标和分解总量控制指标的具体办法，由国务院环境保护主管部门会同国务院有关部门规定。省、自治区、直辖市人民政府可以根据本行政区域大气污染防治的需要，对国家重点大气污染物之外的其他大气污染物排放实行总量控制。

国家逐步推行重点大气污染物排污权交易。

第二十二条　对超过国家重点大气污染物排放总量控制指标或者未完成国家下达的大气环境质量改善目标的地区，省级以上人民政府环境保护主管部门应当会同有关部门约谈该地区人民政府的主要负责人，并暂停审批该地区新增重点大气污染物排放总量的建设项目环境影响评价文件。约谈情况应当向社会公开。

第二十三条　国务院环境保护主管部门负责制定大气环境质量和大气污染源的监测和评价规范，组织建设与管理全国大气环境质量和大气污染源监测网，组织开展大气环境质量和大气污染源监测，统一发布全国大气环境质量状况信息。

县级以上地方人民政府环境保护主管部门负责组织建设与管理本行政区域大气环境质量和大气污染源监测网，开展大气环境质量和大气污染源监测，统一发布本行政区域大气环境质量状况信息。

第二十四条　企业事业单位和其他生产经营者应当按照国家有关规定和监测规范，对其排放的工业废气和本法第七十八条规定名录中所列有毒有害大气污染物进行监测，并保存原始监测记录。其中，重点排污单位应当安装、使用大气污染物排放自动监测设备，与环境保护主管部门的监控设备联网，保证监测设备正常运行并依法公开排放信息。监测的具体办法和重点排污单位的条件由国务院环境保护主管部门规定。

重点排污单位名录由设区的市级以上地方人民政府环境保护主管部门按照国务院环境保护主管部门的规定，根据本行政区域的大气环境承载力、重点大气污染物排放总量控制指标的要求以及排污单位排放大气污染物的种类、数量和浓度等因素，商有关部门确定，并向社会公布。

第二十五条　重点排污单位应当对自动监测数据的真实性和准确性负责。环境保护主管部门发现重点排污单位的大气污染物排放自动监测设备传输数据异常，应当及时进行调查。

第二十六条　禁止侵占、损毁或者擅自移动、改变大气环境质量监测设施和大气污染物排放自动监测设备。

第二十七条　国家对严重污染大气环境的工艺、设备和产品实行淘汰制度。

国务院经济综合主管部门会同国务院有关部门确定严重污染大气环境的工艺、设备和产品淘汰期限，并纳入国家综合性产业政策目录。

生产者、进口者、销售者或者使用者应当在规定期限内停止生产、进口、销售或者使用列入前款规定目录中的设备和产品。工艺的采用者应当在规定期限内停止采用列入前款规定目录中的工艺。

被淘汰的设备和产品，不得转让给他人使用。

第二十八条　国务院环境保护主管部门会同有关部门，建立和完善大气污染损害评估制度。

第二十九条　环境保护主管部门及其委托的环境监察机构和其他负有大气环境保护监督管理职责的部门，有权通过现场检查监测、自动监测、遥感监测、远红外摄像等方式，对排放大气污染物的企业事业单位和其他生产经营者进行监督检查。被检查者应当如实反映情况，提供必要的资料。实施检查的部门、机构及其工作人员应当为被检查者保守商业秘密。

第三十条　企业事业单位和其他生产经营者违反法律法规规定排放大气污染物，造成或者可能造成严重大气污染，或者有关证据可能灭失或者被隐匿的，县级以上人民政府环境保护主管部门和其他负有大气环境保护监督管理职责的部门，可以对有关设施、设备、物品采取查封、扣押等行政强制措施。

第三十一条　环境保护主管部门和其他负有大气环境保护监督管理职责的部门应当公布举报电话、电子邮箱等，方便公众举报。

环境保护主管部门和其他负有大气环境保护监督管理职责的部门接到举报的，应当及时处理并对举报人的相关信息予以保密；对实名举报的，应当反馈处理结果等情况，查证属实的，处理结果依法向社会公开，并对举报人给予奖励。

举报人举报所在单位的，该单位不得以解除、变更劳动合同或者其他方式对举报人进行打击报复。

第四章 大气污染防治措施

第一节 燃煤和其他能源污染防治

第三十二条 国务院有关部门和地方各级人民政府应当采取措施，调整能源结构，推广清洁能源的生产和使用；优化煤炭使用方式，推广煤炭清洁高效利用，逐步降低煤炭在一次能源消费中的比重，减少煤炭生产、使用、转化过程中的大气污染物排放。

第三十三条 国家推行煤炭洗选加工，降低煤炭的硫分和灰分，限制高硫分、高灰分煤炭的开采。新建煤矿应当同步建设配套的煤炭洗选设施，使煤炭的硫分、灰分含量达到规定标准；已建成的煤矿除所采煤炭属于低硫分、低灰分或者根据已达标排放的燃煤电厂要求不需要洗选的以外，应当限期建成配套的煤炭洗选设施。

禁止开采含放射性和砷等有毒有害物质超过规定标准的煤炭。

第三十四条 国家采取有利于煤炭清洁高效利用的经济、技术政策和措施，鼓励和支持洁净煤技术的开发和推广。

国家鼓励煤矿企业等采用合理、可行的技术措施，对煤层气进行开采利用，对煤矸石进行综合利用。从事煤层气开采利用的，煤层气排放应当符合有关标准规范。

第三十五条 国家禁止进口、销售和燃用不符合质量标准的煤炭，鼓励燃用优质煤炭。

单位存放煤炭、煤矸石、煤渣、煤灰等物料，应当采取防燃措施，防止大气污染。

第三十六条　地方各级人民政府应当采取措施，加强民用散煤的管理，禁止销售不符合民用散煤质量标准的煤炭，鼓励居民燃用优质煤炭和洁净型煤，推广节能环保型炉灶。

第三十七条　石油炼制企业应当按照燃油质量标准生产燃油。

禁止进口、销售和燃用不符合质量标准的石油焦。

第三十八条　城市人民政府可以划定并公布高污染燃料禁燃区，并根据大气环境质量改善要求，逐步扩大高污染燃料禁燃区范围。高污染燃料的目录由国务院环境保护主管部门确定。

在禁燃区内，禁止销售、燃用高污染燃料；禁止新建、扩建燃用高污染燃料的设施，已建成的，应当在城市人民政府规定的期限内改用天然气、页岩气、液化石油气、电或者其他清洁能源。

第三十九条　城市建设应当统筹规划，在燃煤供热地区，推进热电联产和集中供热。在集中供热管网覆盖地区，禁止新建、扩建分散燃煤供热锅炉；已建成的不能达标排放的燃煤供热锅炉，应当在城市人民政府规定的期限内拆除。

第四十条　县级以上人民政府质量监督部门应当会同环境保护主管部门对锅炉生产、进口、销售和使用环节执行环境保护标准或者要求的情况进行监督检查；不符合环境保护标准或者要求的，不得生产、进口、销售和使用。

第四十一条　燃煤电厂和其他燃煤单位应当采用清洁生产工艺，配套建设除尘、脱硫、脱硝等装置，或者采取技术改造等其他控制大气污染物排放的措施。

国家鼓励燃煤单位采用先进的除尘、脱硫、脱硝、脱汞等大气污染物协同控制的技术和装置，减少大气污染物的排放。

第四十二条 电力调度应当优先安排清洁能源发电上网。

第二节 工业污染防治

第四十三条 钢铁、建材、有色金属、石油、化工等企业生产过程中排放粉尘、硫化物和氮氧化物的，应当采用清洁生产工艺，配套建设除尘、脱硫、脱硝等装置，或者采取技术改造等其他控制大气污染物排放的措施。

第四十四条 生产、进口、销售和使用含挥发性有机物的原材料和产品的，其挥发性有机物含量应当符合质量标准或者要求。

国家鼓励生产、进口、销售和使用低毒、低挥发性有机溶剂。

第四十五条 产生含挥发性有机物废气的生产和服务活动，应当在密闭空间或者设备中进行，并按照规定安装、使用污染防治设施；无法密闭的，应当采取措施减少废气排放。

第四十六条 工业涂装企业应当使用低挥发性有机物含量的涂料，并建立台账，记录生产原料、辅料的使用量、废弃量、去向以及挥发性有机物含量。台账保存期限不得少于三年。

第四十七条 石油、化工以及其他生产和使用有机溶剂的企业，应当采取措施对管道、设备进行日常维护、维修，减少物料泄漏，对泄漏的物料应当及时收集处理。

储油储气库、加油加气站、原油成品油码头、原油成品油运输船舶和油罐车、气罐车等，应当按照国家有关规定安装油气回收装置并保持正常使用。

第四十八条 钢铁、建材、有色金属、石油、化工、制药、矿产开采等企业，应当加强精细化管理，采取集中收集处理等措施，严格控制粉尘和气态污染物的排放。

工业生产企业应当采取密闭、围挡、遮盖、清扫、洒水等措施，减少内部物料的堆存、传输、装卸等环节产生的粉尘和气态污染物的排放。

第四十九条 工业生产、垃圾填埋或者其他活动产生的可燃性气体应当回收利用，不具备回收利用条件的，应当进行污染防治处理。

可燃性气体回收利用装置不能正常作业的，应当及时修复或者更新。在回收利用装置不能正常作业期间确需排放可燃性气体的，应当将排放的可燃性气体充分燃烧或者采取其他控制大气污染物排放的措施，并向当地环境保护主管部门报告，按照要求限期修复或者更新。

第三节　机动车船等污染防治

第五十条 国家倡导低碳、环保出行，根据城市规划合理控制燃油机动车保有量，大力发展城市公共交通，提高公共交通出行比例。

国家采取财政、税收、政府采购等措施推广应用节能环保型和新能源机动车船、非道路移动机械，限制高油耗、高排放机动车船、非道路移动机械的发展，减少化石能源的消耗。

省、自治区、直辖市人民政府可以在条件具备的地区，提前执行国家机动车大气污染物排放标准中相应阶段排放限值，并报国务院环境保护主管部门备案。

城市人民政府应当加强并改善城市交通管理，优化道路设置，保障人行道和非机动车道的连续、畅通。

第五十一条 机动车船、非道路移动机械不得超过标准排放大气污染物。

禁止生产、进口或者销售大气污染物排放超过标准的机动车船、非道路移动机械。

第五十二条 机动车、非道路移动机械生产企业应当对新生产的机动车和非道路移动机械进行排放检验。经检验合格的，方可出厂销售。检验信息应当向社会公开。

省级以上人民政府环境保护主管部门可以通过现场检查、抽样检测等方式，加强对新生产、销售机动车和非道路移动机械大气污染物排放状况的监督检查。工业、质量监督、工商行政管理等有关部门予以配合。

第五十三条 在用机动车应当按照国家或者地方的有关规定，由机动车排放检验机构定期对其进行排放检验。经检验合格的，方可上道路行驶。未经检验合格的，公安机关交通管理部门不得核发安全技术检验合格标志。

县级以上地方人民政府环境保护主管部门可以在机动车集中停放地、维修地对在用机动车的大气污染物排放状况进行监督抽测；在不影响正常通行的情况下，可以通过遥感监测等技术手段对在道路上行驶的机动车的大气污染物排放状况进行监督抽测，公安机关交通管理部门予以配合。

第五十四条　机动车排放检验机构应当依法通过计量认证，使用经依法检定合格的机动车排放检验设备，按照国务院环境保护主管部门制定的规范，对机动车进行排放检验，并与环境保护主管部门联网，实现检验数据实时共享。机动车排放检验机构及其负责人对检验数据的真实性和准确性负责。

环境保护主管部门和认证认可监督管理部门应当对机动车排放检验机构的排放检验情况进行监督检查。

第五十五条　机动车生产、进口企业应当向社会公布其生产、进口机动车车型的排放检验信息、污染控制技术信息和有关维修技术信息。

机动车维修单位应当按照防治大气污染的要求和国家有关技术规范对在用机动车进行维修，使其达到规定的排放标准。交通运输、环境保护主管部门应当依法加强监督管理。

禁止机动车所有人以临时更换机动车污染控制装置等弄虚作假的方式通过机动车排放检验。禁止机动车维修单位提供该类维修服务。禁止破坏机动车车载排放诊断系统。

第五十六条 环境保护主管部门应当会同交通运输、住房城乡建设、农业行政、水行政等有关部门对非道路移动机械的大气污染物排放状况进行监督检查，排放不合格的，不得使用。

第五十七条 国家倡导环保驾驶，鼓励燃油机动车驾驶人在不影响道路通行且需停车三分钟以上的情况下熄灭发动机，减少大气污染物的排放。

第五十八条 国家建立机动车和非道路移动机械环境保护召回制度。

生产、进口企业获知机动车、非道路移动机械排放大气污染物超过标准，属于设计、生产缺陷或者不符合规定的环境保护耐久性要求的，应当召回；未召回的，由国务院质量监督部门会同国务院环境保护主管部门责令其召回。

第五十九条 在用重型柴油车、非道路移动机械未安装污染控制装置或者污染控制装置不符合要求，不能达标排放的，应当加装或者更换符合要求的污染控制装置。

第六十条 在用机动车排放大气污染物超过标准的，应当进行维修；经维修或者采用污染控制技术后，大气污染物排放仍不符合国家在用机动车排放标准的，应当强制报废。其所有人应当将机动车交售给报废机动车回收拆解企业，由报废机动车回收拆解企业按照国家有关规定进行登记、拆解、销毁等处理。

国家鼓励和支持高排放机动车船、非道路移动机械提前报废。

第六十一条 城市人民政府可以根据大气环境质量状况，划定并公布禁止使用高排放非道路移动机械的区域。

第六十二条　船舶检验机构对船舶发动机及有关设备进行排放检验。经检验符合国家排放标准的，船舶方可运营。

第六十三条　内河和江海直达船舶应当使用符合标准的普通柴油。远洋船舶靠港后应当使用符合大气污染物控制要求的船舶用燃油。

新建码头应当规划、设计和建设岸基供电设施；已建成的码头应当逐步实施岸基供电设施改造。船舶靠港后应当优先使用岸电。

第六十四条　国务院交通运输主管部门可以在沿海海域划定船舶大气污染物排放控制区，进入排放控制区的船舶应当符合船舶相关排放要求。

第六十五条　禁止生产、进口、销售不符合标准的机动车船、非道路移动机械用燃料；禁止向汽车和摩托车销售普通柴油以及其他非机动车用燃料；禁止向非道路移动机械、内河和江海直达船舶销售渣油和重油。

第六十六条　发动机油、氮氧化物还原剂、燃料和润滑油添加剂以及其他添加剂的有害物质含量和其他大气环境保护指标，应当符合有关标准的要求，不得损害机动车船污染控制装置效果和耐久性，不得增加新的大气污染物排放。

第六十七条　国家积极推进民用航空器的大气污染防治，鼓励在设计、生产、使用过程中采取有效措施减少大气污染物排放。

民用航空器应当符合国家规定的适航标准中的有关发动机排出物要求。

第四节　扬尘污染防治

第六十八条　地方各级人民政府应当加强对建设施工和运输的管理，保持道路清洁，控制料堆和渣土堆放，扩大绿地、水面、湿地和地面铺装面积，防治扬尘污染。

住房城乡建设、市容环境卫生、交通运输、国土资源等有关部门，应当根据本级人民政府确定的职责，做好扬尘污染防治工作。

第六十九条　建设单位应当将防治扬尘污染的费用列入工程造价，并在施工承包合同中明确施工单位扬尘污染防治责任。施工单位应当制定具体的施工扬尘污染防治实施方案。

从事房屋建筑、市政基础设施建设、河道整治以及建筑物拆除等施工单位，应当向负责监督管理扬尘污染防治的主管部门备案。

施工单位应当在施工工地设置硬质围挡，并采取覆盖、分段作业、择时施工、洒水抑尘、冲洗地面和车辆等有效防尘降尘措施。建筑土方、工程渣土、建筑垃圾应当及时清运；在场地内堆存的，应当采用密闭式防尘网遮盖。工程渣土、建筑垃圾应当进行资源化处理。

施工单位应当在施工工地公示扬尘污染防治措施、负责人、扬尘监督管理主管部门等信息。

暂时不能开工的建设用地，建设单位应当对裸露地面进行覆盖；超过三个月的，应当进行绿化、铺装或者遮盖。

第七十条　运输煤炭、垃圾、渣土、砂石、土方、灰浆等散装、流体物料的车辆应当采取密闭或者其他措施防止物料遗撒造成扬尘污染，并按照规定路线行驶。

装卸物料应当采取密闭或者喷淋等方式防治扬尘污染。

城市人民政府应当加强道路、广场、停车场和其他公共场所的清扫保洁管理，推行清洁动力机械化清扫等低尘作业方式，防治扬尘污染。

第七十一条　市政河道以及河道沿线、公共用地的裸露地面以及其他城镇裸露地面，有关部门应当按照规划组织实施绿化或者透水铺装。

第七十二条　贮存煤炭、煤矸石、煤渣、煤灰、水泥、石灰、石膏、砂土等易产生扬尘的物料应当密闭；不能密闭的，应当设置不低于堆放物高度的严密围挡，并采取有效覆盖措施防治扬尘污染。

码头、矿山、填埋场和消纳场应当实施分区作业，并采取有效措施防治扬尘污染。

第五节　农业和其他污染防治

第七十三条　地方各级人民政府应当推动转变农业生产方式，

发展农业循环经济，加大对废弃物综合处理的支持力度，加强对农业生产经营活动排放大气污染物的控制。

第七十四条　农业生产经营者应当改进施肥方式，科学合理施用化肥并按照国家有关规定使用农药，减少氨、挥发性有机物等大气污染物的排放。

禁止在人口集中地区对树木、花草喷洒剧毒、高毒农药。

第七十五条　畜禽养殖场、养殖小区应当及时对污水、畜禽粪便和尸体等进行收集、贮存、清运和无害化处理，防止排放恶臭气体。

第七十六条　各级人民政府及其农业行政等有关部门应当鼓励和支持采用先进适用技术，对秸秆、落叶等进行肥料化、饲料化、能源化、工业原料化、食用菌基料化等综合利用，加大对秸秆还田、收集一体化农业机械的财政补贴力度。

县级人民政府应当组织建立秸秆收集、贮存、运输和综合利用服务体系，采用财政补贴等措施支持农村集体经济组织、农民专业合作经济组织、企业等开展秸秆收集、贮存、运输和综合利用服务。

第七十七条　省、自治区、直辖市人民政府应当划定区域，禁止露天焚烧秸秆、落叶等产生烟尘污染的物质。

第七十八条　国务院环境保护主管部门应当会同国务院卫生行政部门，根据大气污染物对公众健康和生态环境的危害和影响程度，公布有毒有害大气污染物名录，实行风险管理。

排放前款规定名录中所列有毒有害大气污染物的企业事业单位，应当按照国家有关规定建设环境风险预警体系，对排放口和周边环境进行定期监测，评估环境风险，排查环境安全隐患，并采取有效措施防范环境风险。

第七十九条　向大气排放持久性有机污染物的企业事业单位和其他生产经营者以及废弃物焚烧设施的运营单位，应当按照国家有关规定，采取有利于减少持久性有机污染物排放的技术方法和工艺，配备有效的净化装置，实现达标排放。

第八十条　企业事业单位和其他生产经营者在生产经营活动中产生恶臭气体的，应当科学选址，设置合理的防护距离，并安装净化装置或者采取其他措施，防止排放恶臭气体。

第八十一条　排放油烟的餐饮服务业经营者应当安装油烟净化设施并保持正常使用，或者采取其他油烟净化措施，使油烟达标排放，并防止对附近居民的正常生活环境造成污染。

禁止在居民住宅楼、未配套设立专用烟道的商住综合楼以及商住综合楼内与居住层相邻的商业楼层内新建、改建、扩建产生油烟、异味、废气的餐饮服务项目。

任何单位和个人不得在当地人民政府禁止的区域内露天烧烤食品或者为露天烧烤食品提供场地。

第八十二条　禁止在人口集中地区和其他依法需要特殊保护的区域内焚烧沥青、油毡、橡胶、塑料、皮革、垃圾以及其他产生有毒有害烟尘和恶臭气体的物质。

禁止生产、销售和燃放不符合质量标准的烟花爆竹。任何单位和个人不得在城市人民政府禁止的时段和区域内燃放烟花爆竹。

第八十三条 国家鼓励和倡导文明、绿色祭祀。

火葬场应当设置除尘等污染防治设施并保持正常使用,防止影响周边环境。

第八十四条 从事服装干洗和机动车维修等服务活动的经营者,应当按照国家有关标准或者要求设置异味和废气处理装置等污染防治设施并保持正常使用,防止影响周边环境。

第八十五条 国家鼓励、支持消耗臭氧层物质替代品的生产和使用,逐步减少直至停止消耗臭氧层物质的生产和使用。

国家对消耗臭氧层物质的生产、使用、进出口实行总量控制和配额管理。具体办法由国务院规定。

第五章　重点区域大气污染联合防治

第八十六条 国家建立重点区域大气污染联防联控机制,统筹协调重点区域内大气污染防治工作。国务院环境保护主管部门根据主体功能区划、区域大气环境质量状况和大气污染传输扩散规律,划定国家大气污染防治重点区域,报国务院批准。

重点区域内有关省、自治区、直辖市人民政府应当确定牵头的地方人民政府,定期召开联席会议,按照统一规划、统一标准、统一监测、统一的防治措施的要求,开展大气污染联合防治,落实大气污染防治目标责任。国务院环境保护主管部门应当加强指导、督促。

省、自治区、直辖市可以参照第一款规定划定本行政区域的大气污染防治重点区域。

第八十七条 国务院环境保护主管部门会同国务院有关部门、国家大气污染防治重点区域内有关省、自治区、直辖市人民政府，根据重点区域经济社会发展和大气环境承载力，制定重点区域大气污染联合防治行动计划，明确控制目标，优化区域经济布局，统筹交通管理，发展清洁能源，提出重点防治任务和措施，促进重点区域大气环境质量改善。

第八十八条 国务院经济综合主管部门会同国务院环境保护主管部门，结合国家大气污染防治重点区域产业发展实际和大气环境质量状况，进一步提高环境保护、能耗、安全、质量等要求。

重点区域内有关省、自治区、直辖市人民政府应当实施更严格的机动车大气污染物排放标准，统一在用机动车检验方法和排放限值，并配套供应合格的车用燃油。

第八十九条 编制可能对国家大气污染防治重点区域的大气环境造成严重污染的有关工业园区、开发区、区域产业和发展等规划，应当依法进行环境影响评价。规划编制机关应当与重点区域内有关省、自治区、直辖市人民政府或者有关部门会商。

重点区域内有关省、自治区、直辖市建设可能对相邻省、自治区、直辖市大气环境质量产生重大影响的项目，应当及时通报有关信息，进行会商。

会商意见及其采纳情况作为环境影响评价文件审查或者审批的重要依据。

第九十条 国家大气污染防治重点区域内新建、改建、扩建用煤项目的，应当实行煤炭的等量或者减量替代。

第九十一条 国务院环境保护主管部门应当组织建立国家大气污染防治重点区域的大气环境质量监测、大气污染源监测等相关信息共享机制，利用监测、模拟以及卫星、航测、遥感等新技术分析重点区域内大气污染来源及其变化趋势，并向社会公开。

第九十二条 国务院环境保护主管部门和国家大气污染防治重点区域内有关省、自治区、直辖市人民政府可以组织有关部门开展联合执法、跨区域执法、交叉执法。

第六章　重污染天气应对

第九十三条 国家建立重污染天气监测预警体系。

国务院环境保护主管部门会同国务院气象主管机构等有关部门、国家大气污染防治重点区域内有关省、自治区、直辖市人民政府，建立重点区域重污染天气监测预警机制，统一预警分级标准。可能发生区域重污染天气的，应当及时向重点区域内有关省、自治区、直辖市人民政府通报。

省、自治区、直辖市、设区的市人民政府环境保护主管部门会同气象主管机构等有关部门建立本行政区域重污染天气监测预警机制。

第九十四条　县级以上地方人民政府应当将重污染天气应对纳入突发事件应急管理体系。

省、自治区、直辖市、设区的市人民政府以及可能发生重污染天气的县级人民政府，应当制定重污染天气应急预案，向上一级人民政府环境保护主管部门备案，并向社会公布。

第九十五条　省、自治区、直辖市、设区的市人民政府环境保护主管部门应当会同气象主管机构建立会商机制，进行大气环境质量预报。可能发生重污染天气的，应当及时向本级人民政府报告。省、自治区、直辖市、设区的市人民政府依据重污染天气预报信息，进行综合研判，确定预警等级并及时发出预警。预警等级根据情况变化及时调整。任何单位和个人不得擅自向社会发布重污染天气预报预警信息。

预警信息发布后，人民政府及其有关部门应当通过电视、广播、网络、短信等途径告知公众采取健康防护措施，指导公众出行和调整其他相关社会活动。

第九十六条　县级以上地方人民政府应当依据重污染天气的预警等级，及时启动应急预案，根据应急需要可以采取责令有关企业停产或者限产、限制部分机动车行驶、禁止燃放烟花爆竹、停止工地土石方作业和建筑物拆除施工、停止露天烧烤、停止幼儿园和学校组织的户外活动、组织开展人工影响天气作业等应急措施。

应急响应结束后，人民政府应当及时开展应急预案实施情况的评估，适时修改完善应急预案。

第九十七条 发生造成大气污染的突发环境事件，人民政府及其有关部门和相关企业事业单位，应当依照《中华人民共和国突发事件应对法》、《中华人民共和国环境保护法》的规定，做好应急处置工作。环境保护主管部门应当及时对突发环境事件产生的大气污染物进行监测，并向社会公布监测信息。

第七章 法律责任

第九十八条 违反本法规定，以拒绝进入现场等方式拒不接受环境保护主管部门及其委托的环境监察机构或者其他负有大气环境保护监督管理职责的部门的监督检查，或者在接受监督检查时弄虚作假的，由县级以上人民政府环境保护主管部门或者其他负有大气环境保护监督管理职责的部门责令改正，处二万元以上二十万元以下的罚款；构成违反治安管理行为的，由公安机关依法予以处罚。

第九十九条 违反本法规定，有下列行为之一的，由县级以上人民政府环境保护主管部门责令改正或者限制生产、停产整治，并处十万元以上一百万元以下的罚款；情节严重的，报经有批准权的人民政府批准，责令停业、关闭：

（一）未依法取得排污许可证排放大气污染物的；

（二）超过大气污染物排放标准或者超过重点大气污染物排放总量控制指标排放大气污染物的；

（三）通过逃避监管的方式排放大气污染物的。

第一百条　违反本法规定，有下列行为之一的，由县级以上人民政府环境保护主管部门责令改正，处二万元以上二十万元以下的罚款；拒不改正的，责令停产整治：

（一）侵占、损毁或者擅自移动、改变大气环境质量监测设施或者大气污染物排放自动监测设备的；

（二）未按照规定对所排放的工业废气和有毒有害大气污染物进行监测并保存原始监测记录的；

（三）未按照规定安装、使用大气污染物排放自动监测设备或者未按照规定与环境保护主管部门的监控设备联网，并保证监测设备正常运行的；

（四）重点排污单位不公开或者不如实公开自动监测数据的；

（五）未按照规定设置大气污染物排放口的。

第一百零一条　违反本法规定，生产、进口、销售或者使用国家综合性产业政策目录中禁止的设备和产品，采用国家综合性产业政策目录中禁止的工艺，或者将淘汰的设备和产品转让给他人使用的，由县级以上人民政府经济综合主管部门、出入境检验检疫机构按照职责责令改正，没收违法所得，并处货值金额一倍以上三倍以下的罚款；拒不改正的，报经有批准权的人民政府批准，责令停业、关闭。进口行为构成走私的，由海关依法予以处罚。

第一百零二条 违反本法规定，煤矿未按照规定建设配套煤炭洗选设施的，由县级以上人民政府能源主管部门责令改正，处十万元以上一百万元以下的罚款；拒不改正的，报经有批准权的人民政府批准，责令停业、关闭。

违反本法规定，开采含放射性和砷等有毒有害物质超过规定标准的煤炭的，由县级以上人民政府按照国务院规定的权限责令停业、关闭。

第一百零三条 违反本法规定，有下列行为之一的，由县级以上地方人民政府质量监督、工商行政管理部门按照职责责令改正，没收原材料、产品和违法所得，并处货值金额一倍以上三倍以下的罚款：

（一）销售不符合质量标准的煤炭、石油焦的；

（二）生产、销售挥发性有机物含量不符合质量标准或者要求的原材料和产品的；

（三）生产、销售不符合标准的机动车船和非道路移动机械用燃料、发动机油、氮氧化物还原剂、燃料和润滑油添加剂以及其他添加剂的；

（四）在禁燃区内销售高污染燃料的。

第一百零四条 违反本法规定，有下列行为之一的，由出入境检验检疫机构责令改正，没收原材料、产品和违法所得，并处货值金额一倍以上三倍以下的罚款；构成走私的，由海关依法予以处罚：

（一）进口不符合质量标准的煤炭、石油焦的；

（二）进口挥发性有机物含量不符合质量标准或者要求的原材料和产品的；

（三）进口不符合标准的机动车船和非道路移动机械用燃料、发动机油、氮氧化物还原剂、燃料和润滑油添加剂以及其他添加剂的。

第一百零五条　违反本法规定，单位燃用不符合质量标准的煤炭、石油焦的，由县级以上人民政府环境保护主管部门责令改正，处货值金额一倍以上三倍以下的罚款。

第一百零六条　违反本法规定，使用不符合标准或者要求的船舶用燃油的，由海事管理机构、渔业主管部门按照职责处一万元以上十万元以下的罚款。

第一百零七条　违反本法规定，在禁燃区内新建、扩建燃用高污染燃料的设施，或者未按照规定停止燃用高污染燃料，或者在城市集中供热管网覆盖地区新建、扩建分散燃煤供热锅炉，或者未按照规定拆除已建成的不能达标排放的燃煤供热锅炉的，由县级以上地方人民政府环境保护主管部门没收燃用高污染燃料的设施，组织拆除燃煤供热锅炉，并处二万元以上二十万元以下的罚款。

违反本法规定，生产、进口、销售或者使用不符合规定标准或者要求的锅炉，由县级以上人民政府质量监督、环境保护主管部门责令改正，没收违法所得，并处二万元以上二十万元以下的罚款。

第一百零八条 违反本法规定，有下列行为之一的，由县级以上人民政府环境保护主管部门责令改正，处二万元以上二十万元以下的罚款；拒不改正的，责令停产整治：

（一）产生含挥发性有机物废气的生产和服务活动，未在密闭空间或者设备中进行，未按照规定安装、使用污染防治设施，或者未采取减少废气排放措施的；

（二）工业涂装企业未使用低挥发性有机物含量涂料或者未建立、保存台账的；

（三）石油、化工以及其他生产和使用有机溶剂的企业，未采取措施对管道、设备进行日常维护、维修，减少物料泄漏或者对泄漏的物料未及时收集处理的；

（四）储油储气库、加油加气站和油罐车、气罐车等，未按照国家有关规定安装并正常使用油气回收装置的；

（五）钢铁、建材、有色金属、石油、化工、制药、矿产开采等企业，未采取集中收集处理、密闭、围挡、遮盖、清扫、洒水等措施，控制、减少粉尘和气态污染物排放的；

（六）工业生产、垃圾填埋或者其他活动中产生的可燃性气体未回收利用，不具备回收利用条件未进行防治污染处理，或者可燃性气体回收利用装置不能正常作业，未及时修复或者更新的。

第一百零九条　违反本法规定，生产超过污染物排放标准的机动车、非道路移动机械的，由省级以上人民政府环境保护主管部门责令改正，没收违法所得，并处货值金额一倍以上三倍以下的罚款，没收销毁无法达到污染物排放标准的机动车、非道路移动机械；拒不改正的，责令停产整治，并由国务院机动车生产主管部门责令停止生产该车型。

违反本法规定，机动车、非道路移动机械生产企业对发动机、污染控制装置弄虚作假、以次充好，冒充排放检验合格产品出厂销售的，由省级以上人民政府环境保护主管部门责令停产整治，没收违法所得，并处货值金额一倍以上三倍以下的罚款，没收销毁无法达到污染物排放标准的机动车、非道路移动机械，并由国务院机动车生产主管部门责令停止生产该车型。

第一百一十条　违反本法规定，进口、销售超过污染物排放标准的机动车、非道路移动机械的，由县级以上人民政府工商行政管理部门、出入境检验检疫机构按照职责没收违法所得，并处货值金额一倍以上三倍以下的罚款，没收销毁无法达到污染物排放标准的机动车、非道路移动机械；进口行为构成走私的，由海关依法予以处罚。

违反本法规定，销售的机动车、非道路移动机械不符合污染物排放标准的，销售者应当负责修理、更换、退货；给购买者造成损失的，销售者应当赔偿损失。

第一百一十一条　违反本法规定，机动车生产、进口企业未按照规定向社会公布其生产、进口机动车车型的排放检验信息或者污染控制技术信息的，由省级以上人民政府环境保护主管部门责令改正，处五万元以上五十万元以下的罚款。

违反本法规定，机动车生产、进口企业未按照规定向社会公布其生产、进口机动车车型的有关维修技术信息的，由省级以上人民政府交通运输主管部门责令改正，处五万元以上五十万元以下的罚款。

第一百一十二条　违反本法规定，伪造机动车、非道路移动机械排放检验结果或者出具虚假排放检验报告的，由县级以上人民政府环境保护主管部门没收违法所得，并处十万元以上五十万元以下的罚款；情节严重的，由负责资质认定的部门取消其检验资格。

违反本法规定，伪造船舶排放检验结果或者出具虚假排放检验报告的，由海事管理机构依法予以处罚。

违反本法规定，以临时更换机动车污染控制装置等弄虚作假的方式通过机动车排放检验或者破坏机动车车载排放诊断系统的，由县级以上人民政府环境保护主管部门责令改正，对机动车所有人处五千元的罚款；对机动车维修单位处每辆机动车五千元的罚款。

第一百一十三条　违反本法规定，机动车驾驶人驾驶排放检验不合格的机动车上道路行驶的，由公安机关交通管理部门依法予以处罚。

第一百一十四条　违反本法规定，使用排放不合格的非道路移动机械，或者在用重型柴油车、非道路移动机械未按照规定加装、更换污染控制装置的，由县级以上人民政府环境保护等主管部门按照职责责令改正，处五千元的罚款。

违反本法规定，在禁止使用高排放非道路移动机械的区域使用高排放非道路移动机械的，由城市人民政府环境保护等主管部门依法予以处罚。

第一百一十五条　违反本法规定，施工单位有下列行为之一的，由县级以上人民政府住房城乡建设等主管部门按照职责责令改正，处一万元以上十万元以下的罚款；拒不改正的，责令停工整治：

（一）施工工地未设置硬质围挡，或者未采取覆盖、分段作业、择时施工、洒水抑尘、冲洗地面和车辆等有效防尘降尘措施的；

（二）建筑土方、工程渣土、建筑垃圾未及时清运，或者未采用密闭式防尘网遮盖的。

违反本法规定，建设单位未对暂时不能开工的建设用地的裸露地面进行覆盖，或者未对超过三个月不能开工的建设用地的裸露地面进行绿化、铺装或者遮盖的，由县级以上人民政府住房城乡建设等主管部门依照前款规定予以处罚。

第一百一十六条　违反本法规定，运输煤炭、垃圾、渣土、砂石、土方、灰浆等散装、流体物料的车辆，未采取密闭或者其他措施防止物料遗撒的，由县级以上地方人民政府确定的监督管理部门责令改正，处二千元以上二万元以下的罚款；拒不改正的，车辆不得上道路行驶。

第一百一十七条 违反本法规定，有下列行为之一的，由县级以上人民政府环境保护等主管部门按照职责责令改正，处一万元以上十万元以下的罚款；拒不改正的，责令停工整治或者停业整治：

（一）未密闭煤炭、煤矸石、煤渣、煤灰、水泥、石灰、石膏、砂土等易产生扬尘的物料的；

（二）对不能密闭的易产生扬尘的物料，未设置不低于堆放物高度的严密围挡，或者未采取有效覆盖措施防治扬尘污染的；

（三）装卸物料未采取密闭或者喷淋等方式控制扬尘排放的；

（四）存放煤炭、煤矸石、煤渣、煤灰等物料，未采取防燃措施的；

（五）码头、矿山、填埋场和消纳场未采取有效措施防治扬尘污染的；

（六）排放有毒有害大气污染物名录中所列有毒有害大气污染物的企业事业单位，未按照规定建设环境风险预警体系或者对排放口和周边环境进行定期监测、排查环境安全隐患并采取有效措施防范环境风险的；

（七）向大气排放持久性有机污染物的企业事业单位和其他生产经营者以及废弃物焚烧设施的运营单位，未按照国家有关规定采取有利于减少持久性有机污染物排放的技术方法和工艺，配备净化装置的；

（八）未采取措施防止排放恶臭气体的。

第一百一十八条 违反本法规定，排放油烟的餐饮服务业经营者未安装油烟净化设施、不正常使用油烟净化设施或者未采取其他油烟净化措施，超过排放标准排放油烟的，由县级以上地方人民政府确定的监督管理部门责令改正，处五千元以上五万元以下的罚款；拒不改正的，责令停业整治。

违反本法规定，在居民住宅楼、未配套设立专用烟道的商住综合楼、商住综合楼内与居住层相邻的商业楼层内新建、改建、扩建产生油烟、异味、废气的餐饮服务项目的，由县级以上地方人民政府确定的监督管理部门责令改正；拒不改正的，予以关闭，并处一万元以上十万元以下的罚款。

违反本法规定，在当地人民政府禁止的时段和区域内露天烧烤食品或者为露天烧烤食品提供场地的，由县级以上地方人民政府确定的监督管理部门责令改正，没收烧烤工具和违法所得，并处五百元以上二万元以下的罚款。

第一百一十九条 违反本法规定，在人口集中地区对树木、花草喷洒剧毒、高毒农药，或者露天焚烧秸秆、落叶等产生烟尘污染的物质的，由县级以上地方人民政府确定的监督管理部门责令改正，并可以处五百元以上二千元以下的罚款。

违反本法规定，在人口集中地区和其他依法需要特殊保护的区域内，焚烧沥青、油毡、橡胶、塑料、皮革、垃圾以及其他产生有毒有害烟尘和恶臭气体的物质的，由县级人民政府确定的监督管理部门责令改正，对单位处一万元以上十万元以下的罚款，对个人处五百元以上二千元以下的罚款。

违反本法规定，在城市人民政府禁止的时段和区域内燃放烟花爆竹的，由县级以上地方人民政府确定的监督管理部门依法予以处罚。

第一百二十条　违反本法规定，从事服装干洗和机动车维修等服务活动，未设置异味和废气处理装置等污染防治设施并保持正常使用，影响周边环境的，由县级以上地方人民政府环境保护主管部门责令改正，处二千元以上二万元以下的罚款；拒不改正的，责令停业整治。

第一百二十一条　违反本法规定，擅自向社会发布重污染天气预报预警信息，构成违反治安管理行为的，由公安机关依法予以处罚。

违反本法规定，拒不执行停止工地土石方作业或者建筑物拆除施工等重污染天气应急措施的，由县级以上地方人民政府确定的监督管理部门处一万元以上十万元以下的罚款。

第一百二十二条　违反本法规定，造成大气污染事故的，由县级以上人民政府环境保护主管部门依照本条第二款的规定处以罚款；对直接负责的主管人员和其他直接责任人员可以处上一年度从本企业事业单位取得收入百分之五十以下的罚款。

对造成一般或者较大大气污染事故的,按照污染事故造成直接损失的一倍以上三倍以下计算罚款;对造成重大或者特大大气污染事故的,按照污染事故造成的直接损失的三倍以上五倍以下计算罚款。

第一百二十三条 违反本法规定,企业事业单位和其他生产经营者有下列行为之一,受到罚款处罚,被责令改正,拒不改正的,依法作出处罚决定的行政机关可以自责令改正之日的次日起,按照原处罚数额按日连续处罚:

(一)未依法取得排污许可证排放大气污染物的;

(二)超过大气污染物排放标准或者超过重点大气污染物排放总量控制指标排放大气污染物的;

(三)通过逃避监管的方式排放大气污染物的;

(四)建筑施工或者贮存易产生扬尘的物料未采取有效措施防治扬尘污染的。

第一百二十四条 违反本法规定,对举报人以解除、变更劳动合同或者其他方式打击报复的,应当依照有关法律的规定承担责任。

第一百二十五条 排放大气污染物造成损害的,应当依法承担侵权责任。

第一百二十六条 地方各级人民政府、县级以上人民政府环境保护主管部门和其他负有大气环境保护监督管理职责的部门及其工作人员滥用职权、玩忽职守、徇私舞弊、弄虚作假的,依法给予处分。

第一百二十七条 违反本法规定，构成犯罪的，依法追究刑事责任。

第八章　附　则

第一百二十八条 海洋工程的大气污染防治，依照《中华人民共和国海洋环境保护法》的有关规定执行。

第一百二十九条 本法自 2016 年 1 月 1 日起施行。

中华人民共和国国务院令

第626号

《缺陷汽车产品召回管理条例》已经2012年10月10日国务院第219次常务会议通过，现予公布，自2013年1月1日起施行。

总理　温家宝

2012年10月22日

缺陷汽车产品召回管理条例

第一条 为了规范缺陷汽车产品召回，加强监督管理，保障人身、财产安全，制定本条例。

第二条 在中国境内生产、销售的汽车和汽车挂车（以下统称汽车产品）的召回及其监督管理，适用本条例。

第三条 本条例所称缺陷，是指由于设计、制造、标识等原因导致的在同一批次、型号或者类别的汽车产品中普遍存在的不符合保障人身、财产安全的国家标准、行业标准的情形或者其他危及人身、财产安全的不合理的危险。

本条例所称召回，是指汽车产品生产者对其已售出的汽车产品采取措施消除缺陷的活动。

第四条 国务院产品质量监督部门负责全国缺陷汽车产品召回的监督管理工作。

国务院有关部门在各自职责范围内负责缺陷汽车产品召回的相关监督管理工作。

第五条 国务院产品质量监督部门根据工作需要，可以委托省、自治区、直辖市人民政府产品质量监督部门、进出口商品检验机构负责缺陷汽车产品召回监督管理的部分工作。

国务院产品质量监督部门缺陷产品召回技术机构按照国务院产品质量监督部门的规定，承担缺陷汽车产品召回的具体技术工作。

第六条 任何单位和个人有权向产品质量监督部门投诉汽车产品可能存在的缺陷，国务院产品质量监督部门应当以便于公众知晓的方式向社会公布受理投诉的电话、电子邮箱和通信地址。

国务院产品质量监督部门应当建立缺陷汽车产品召回信息管理系统，收集汇总、分析处理有关缺陷汽车产品信息。

产品质量监督部门、汽车产品主管部门、商务主管部门、海关、公安机关交通管理部门、交通运输主管部门、工商行政管理部门等有关部门应当建立汽车产品的生产、销售、进口、登记检验、维修、消费者投诉、召回等信息的共享机制。

第七条 产品质量监督部门和有关部门、机构及其工作人员对履行本条例规定职责所知悉的商业秘密和个人信息，不得泄露。

第八条 对缺陷汽车产品，生产者应当依照本条例全部召回；生产者未实施召回的，国务院产品质量监督部门应当依照本条例责令其召回。

本条例所称生产者，是指在中国境内依法设立的生产汽车产品并以其名义颁发产品合格证的企业。

从中国境外进口汽车产品到境内销售的企业，视为前款所称的生产者。

第九条 生产者应当建立并保存汽车产品设计、制造、标识、检验等方面的信息记录以及汽车产品初次销售的车主信息记录，保存期不得少于 10 年。

第十条 生产者应当将下列信息报国务院产品质量监督部门

备案：

（一）生产者基本信息；

（二）汽车产品技术参数和汽车产品初次销售的车主信息；

（三）因汽车产品存在危及人身、财产安全的故障而发生修理、更换、退货的信息；

（四）汽车产品在中国境外实施召回的信息；

（五）国务院产品质量监督部门要求备案的其他信息。

第十一条 销售、租赁、维修汽车产品的经营者（以下统称经营者）应当按照国务院产品质量监督部门的规定建立并保存汽车产品相关信息记录，保存期不得少于 5 年。

经营者获知汽车产品存在缺陷的，应当立即停止销售、租赁、使用缺陷汽车产品，并协助生产者实施召回。

经营者应当向国务院产品质量监督部门报告和向生产者通报所获知的汽车产品可能存在缺陷的相关信息。

第十二条 生产者获知汽车产品可能存在缺陷的，应当立即组织调查分析，并如实向国务院产品质量监督部门报告调查分析结果。

生产者确认汽车产品存在缺陷的，应当立即停止生产、销售、进口缺陷汽车产品，并实施召回。

第十三条 国务院产品质量监督部门获知汽车产品可能存在缺陷的，应当立即通知生产者开展调查分析；生产者未按照通知开展调查分析的，国务院产品质量监督部门应当开展缺陷调查。

国务院产品质量监督部门认为汽车产品可能存在会造成严重后果的缺陷的，可以直接开展缺陷调查。

第十四条　国务院产品质量监督部门开展缺陷调查，可以进入生产者、经营者的生产经营场所进行现场调查，查阅、复制相关资料和记录，向相关单位和个人了解汽车产品可能存在缺陷的情况。

生产者应当配合缺陷调查，提供调查需要的有关资料、产品和专用设备。经营者应当配合缺陷调查，提供调查需要的有关资料。

国务院产品质量监督部门不得将生产者、经营者提供的资料、产品和专用设备用于缺陷调查所需的技术检测和鉴定以外的用途。

第十五条　国务院产品质量监督部门调查认为汽车产品存在缺陷的，应当通知生产者实施召回。

生产者认为其汽车产品不存在缺陷的，可以自收到通知之日起15个工作日内向国务院产品质量监督部门提出异议，并提供证明材料。国务院产品质量监督部门应当组织与生产者无利害关系的专家对证明材料进行论证，必要时对汽车产品进行技术检测或者鉴定。

生产者既不按照通知实施召回又不在本条第二款规定期限内提出异议的，或者经国务院产品质量监督部门依照本条第二款规定组织论证、技术检测、鉴定确认汽车产品存在缺陷的，国务院产品质量监督部门应当责令生产者实施召回；生产者应当立即停止生产、销售、进口缺陷汽车产品，并实施召回。

　　第十六条　生产者实施召回，应当按照国务院产品质量监督部门的规定制定召回计划，并报国务院产品质量监督部门备案。修改已备案的召回计划应当重新备案。

　　生产者应当按照召回计划实施召回。

　　第十七条　生产者应当将报国务院产品质量监督部门备案的召回计划同时通报销售者，销售者应当停止销售缺陷汽车产品。

　　第十八条　生产者实施召回，应当以便于公众知晓的方式发布信息，告知车主汽车产品存在的缺陷、避免损害发生的应急处置方法和生产者消除缺陷的措施等事项。

　　国务院产品质量监督部门应当及时向社会公布已经确认的缺陷汽车产品信息以及生产者实施召回的相关信息。

　　车主应当配合生产者实施召回。

　　第十九条　对实施召回的缺陷汽车产品，生产者应当及时采取修正或者补充标识、修理、更换、退货等措施消除缺陷。

　　生产者应当承担消除缺陷的费用和必要的运送缺陷汽车产品的费用。

　　第二十条　生产者应当按照国务院产品质量监督部门的规定提交召回阶段性报告和召回总结报告。

　　第二十一条　国务院产品质量监督部门应当对召回实施情况进行监督，并组织与生产者无利害关系的专家对生产者消除缺陷的效果进行评估。

第二十二条 生产者违反本条例规定，有下列情形之一的，由产品质量监督部门责令改正；拒不改正的，处5万元以上20万元以下的罚款：

（一）未按照规定保存有关汽车产品、车主的信息记录；

（二）未按照规定备案有关信息、召回计划；

（三）未按照规定提交有关召回报告。

第二十三条 违反本条例规定，有下列情形之一的，由产品质量监督部门责令改正；拒不改正的，处50万元以上100万元以下的罚款；有违法所得的，并处没收违法所得；情节严重的，由许可机关吊销有关许可：

（一）生产者、经营者不配合产品质量监督部门缺陷调查；

（二）生产者未按照已备案的召回计划实施召回；

（三）生产者未将召回计划通报销售者。

第二十四条 生产者违反本条例规定，有下列情形之一的，由产品质量监督部门责令改正，处缺陷汽车产品货值金额1%以上10%以下的罚款；有违法所得的，并处没收违法所得；情节严重的，由许可机关吊销有关许可：

（一）未停止生产、销售或者进口缺陷汽车产品；

（二）隐瞒缺陷情况；

（三）经责令召回拒不召回。

第二十五条 违反本条例规定，从事缺陷汽车产品召回监督管理工作的人员有下列行为之一的，依法给予处分：

（一）将生产者、经营者提供的资料、产品和专用设备用于缺陷调查所需的技术检测和鉴定以外的用途；

（二）泄露当事人商业秘密或者个人信息；

（三）其他玩忽职守、徇私舞弊、滥用职权行为。

第二十六条　违反本条例规定，构成犯罪的，依法追究刑事责任。

第二十七条　汽车产品出厂时未随车装备的轮胎存在缺陷的，由轮胎的生产者负责召回。具体办法由国务院产品质量监督部门参照本条例制定。

第二十八条　生产者依照本条例召回缺陷汽车产品，不免除其依法应当承担的责任。

汽车产品存在本条例规定的缺陷以外的质量问题的，车主有权依照产品质量法、消费者权益保护法等法律、行政法规和国家有关规定以及合同约定，要求生产者、销售者承担修理、更换、退货、赔偿损失等相应的法律责任。

第二十九条　本条例自 2013 年 1 月 1 日起施行。

中华人民共和国国家质量监督检验检疫总局令

第176号

《缺陷汽车产品召回管理条例实施办法》已经 2015 年 7 月 10 日国家质量监督检验检疫总局局务会议审议通过，现予公布，自 2016 年 1 月 1 日起施行。

局长　支树平

2015 年 11 月 27 日

缺陷汽车产品召回管理条例实施办法

第一章　总　则

第一条　根据《缺陷汽车产品召回管理条例》，制定本办法。

第二条　在中国境内生产、销售的汽车和汽车挂车（以下统称汽车产品）的召回及其监督管理，适用本办法。

第三条　汽车产品生产者（以下简称生产者）是缺陷汽车产品的召回主体。汽车产品存在缺陷的，生产者应当依照本办法实施召回。

第四条　国家质量监督检验检疫总局（以下简称质检总局）负责全国缺陷汽车产品召回的监督管理工作。各级产品质量监督部门和出入境检验检疫机构依法履行职责。

第五条　质检总局根据工作需要，可以委托省级产品质量监督部门和出入境检验检疫机构（以下统称省级质检部门），在本行政区域内按照职责分工分别负责境内生产和进口缺陷汽车产品召回监督管理的部分工作。

质检总局缺陷产品召回技术机构（以下简称召回技术机构）按照质检总局的规定承担缺陷汽车产品召回信息管理、缺陷调查、召回管理中的具体技术工作。

第二章　信息管理

第六条　任何单位和个人有权向产品质量监督部门和出入境检验检疫机构投诉汽车产品可能存在的缺陷等有关问题。

第七条　质检总局负责组织建立缺陷汽车产品召回信息管理系统，收集汇总、分析处理有关缺陷汽车产品信息，备案生产者信息，发布缺陷汽车产品信息和召回相关信息。

质检总局负责与国务院有关部门共同建立汽车产品的生产、销售、进口、登记检验、维修、事故、消费者投诉、召回等信息的共享机制。

第八条　地方产品质量监督部门和各地出入境检验检疫机构发现本行政区域内缺陷汽车产品信息的，应当将信息逐级上报。

第九条　生产者应当建立健全汽车产品可追溯信息管理制度，确保能够及时确定缺陷汽车产品的召回范围并通知车主。

第十条　生产者应当保存以下汽车产品设计、制造、标识、检验等方面的信息：

（一）汽车产品设计、制造、标识、检验的相关文件和质量控制信息；

（二）涉及安全的汽车产品零部件生产者及零部件的设计、制造、检验信息；

（三）汽车产品生产批次及技术变更信息；

（四）其他相关信息。

生产者还应当保存车主名称、有效证件号码、通信地址、联系电话、购买日期、车辆识别代码等汽车产品初次销售的车主信息。

第十一条 生产者应当向质检总局备案以下信息：

（一）生产者基本信息；

（二）汽车产品技术参数和汽车产品初次销售的车主信息；

（三）因汽车产品存在危及人身、财产安全的故障而发生修理、更换、退货的信息；

（四）汽车产品在中国境外实施召回的信息；

（五）技术服务通报、公告等信息；

（六）其他需要备案的信息。

生产者依法备案的信息发生变化的，应当在 20 个工作日内进行更新。

第十二条 销售、租赁、维修汽车产品的经营者（以下统称经营者）应当建立并保存其经营的汽车产品型号、规格、车辆识别代码、数量、流向、购买者信息、租赁、维修等信息。

第十三条 经营者、汽车产品零部件生产者应当向质检总局报告所获知的汽车产品可能存在缺陷的相关信息，并通报生产者。

第三章　缺陷调查

第十四条 生产者获知汽车产品可能存在缺陷的，应当立即组织调查分析，并将调查分析结果报告质检总局。

生产者经调查分析确认汽车产品存在缺陷的，应当立即停止生产、销售、进口缺陷汽车产品，并实施召回；生产者经调查分析认为汽车产品不存在缺陷的，应当在报送的调查分析结果中说明分析过程、方法、风险评估意见以及分析结论等。

第十五条　质检总局负责组织对缺陷汽车产品召回信息管理系统收集的信息、有关单位和个人的投诉信息以及通过其他方式获取的缺陷汽车产品相关信息进行分析，发现汽车产品可能存在缺陷的，应当立即通知生产者开展相关调查分析。

生产者应当按照质检总局通知要求，立即开展调查分析，并如实向质检总局报告调查分析结果。

第十六条　召回技术机构负责组织对生产者报送的调查分析结果进行评估，并将评估结果报告质检总局。

第十七条　存在下列情形之一的，质检总局应当组织开展缺陷调查：

（一）生产者未按照通知要求开展调查分析的；

（二）经评估生产者的调查分析结果不能证明汽车产品不存在缺陷的；

（三）汽车产品可能存在造成严重后果的缺陷的；

（四）经实验检测，同一批次、型号或者类别的汽车产品可能存在不符合保障人身、财产安全的国家标准、行业标准情形的；

（五）其他需要组织开展缺陷调查的情形。

第十八条　质检总局、受委托的省级质检部门开展缺陷调查，可以行使以下职权：

（一）进入生产者、经营者、零部件生产者的生产经营场所进行现场调查；

（二）查阅、复制相关资料和记录，收集相关证据；

（三）向有关单位和个人了解汽车产品可能存在缺陷的情况；

（四）其他依法可以采取的措施。

第十九条　与汽车产品缺陷有关的零部件生产者应当配合缺陷调查，提供调查需要的有关资料。

第二十条　质检总局、受委托的省级质检部门开展缺陷调查，应当对缺陷调查获得的相关信息、资料、实物、实验检测结果和相关证据等进行分析，形成缺陷调查报告。

省级质检部门应当及时将缺陷调查报告报送质检总局。

第二十一条　质检总局可以组织对汽车产品进行风险评估，必要时向社会发布风险预警信息。

第二十二条　质检总局根据缺陷调查报告认为汽车产品存在缺陷的，应当向生产者发出缺陷汽车产品召回通知书，通知生产者实施召回。

生产者认为其汽车产品不存在缺陷的，可以自收到缺陷汽车产品召回通知书之日起15个工作日内向质检总局提出书面异议，并提交相关证明材料。

生产者在15个工作日内提出异议的，质检总局应当组织与生产者无利害关系的专家对生产者提交的证明材料进行论证；必要时质检总局可以组织对汽车产品进行技术检测或者鉴定；生产者申请听证的或者质检总局根据工作需要认为有必要组织听证的，可以组织听证。

第二十三条　生产者既不按照缺陷汽车产品召回通知书要求实施召回，又不在 15 个工作日内向质检总局提出异议的，或者经组织论证、技术检测、鉴定，确认汽车产品存在缺陷的，质检总局应当责令生产者召回缺陷汽车产品。

第四章　召回实施与管理

第二十四条　生产者实施召回，应当按照质检总局的规定制定召回计划，并自确认汽车产品存在缺陷之日起 5 个工作日内或者被责令召回之日起 5 个工作日内向质检总局备案；同时以有效方式通报经营者。

生产者制定召回计划，应当内容全面，客观准确，并对其内容的真实性、准确性及召回措施的有效性负责。

生产者应当按照已备案的召回计划实施召回；生产者修改已备案的召回计划，应当重新向质检总局备案，并提交说明材料。

第二十五条　经营者获知汽车产品存在缺陷的，应当立即停止销售、租赁、使用缺陷汽车产品，并协助生产者实施召回。

第二十六条　生产者应当自召回计划备案之日起 5 个工作日

内，通过报刊、网站、广播、电视等便于公众知晓的方式发布缺陷汽车产品信息和实施召回的相关信息，30 个工作日内以挂号信等有效方式，告知车主汽车产品存在的缺陷、避免损害发生的应急处置方法和生产者消除缺陷的措施等事项。

生产者应当通过热线电话、网络平台等方式接受公众咨询。

第二十七条 车主应当积极配合生产者实施召回，消除缺陷。

第二十八条 质检总局应当向社会公布已经确认的缺陷汽车产品信息、生产者召回计划以及生产者实施召回的其他相关信息。

第二十九条 生产者应当保存已实施召回的汽车产品召回记录，保存期不得少于 10 年。

第三十条 生产者应当自召回实施之日起每 3 个月向质检总局提交一次召回阶段性报告。质检总局有特殊要求的，生产者应当按要求提交。

生产者应当在完成召回计划后 15 个工作日内，向质检总局提交召回总结报告。

第三十一条 生产者被责令召回的，应当立即停止生产、销售、进口缺陷汽车产品，并按照本办法的规定实施召回。

第三十二条 生产者完成召回计划后，仍有未召回的缺陷汽车产品的，应当继续实施召回。

第三十三条 对未消除缺陷的汽车产品，生产者和经营者不得销售或者交付使用。

第三十四条 质检总局对生产者召回实施情况进行监督或者

委托省级质检部门进行监督，组织与生产者无利害关系的专家对消除缺陷的效果进行评估。

受委托对召回实施情况进行监督的省级质检部门，应当及时将有关情况报告质检总局。

质检总局通过召回实施情况监督和评估发现生产者的召回范围不准确、召回措施无法有效消除缺陷或者未能取得预期效果的，应当要求生产者再次实施召回或者采取其他相应补救措施。

第五章 法律责任

第三十五条 生产者违反本办法规定，有下列行为之一的，责令限期改正；逾期未改正的，处以1万元以上3万元以下罚款：

（一）未按规定更新备案信息的；

（二）未按规定提交调查分析结果的；

（三）未按规定保存汽车产品召回记录的；

（四）未按规定发布缺陷汽车产品信息和召回信息的。

第三十六条 零部件生产者违反本办法规定不配合缺陷调查的，责令限期改正；逾期未改正的，处以1万元以上3万元以下罚款。

第三十七条 违反本办法规定，构成《缺陷汽车产品召回管理条例》等有关法律法规规定的违法行为的，依法予以处理。

第三十八条 违反本办法规定，构成犯罪的，依法追究刑事责任。

第三十九条　本办法规定的行政处罚由违法行为发生地具有管辖权的产品质量监督部门和出入境检验检疫机构在职责范围内依法实施；法律、行政法规另有规定的，依照法律、行政法规的规定执行。

第六章　附　则

第四十条　本办法所称汽车产品是指中华人民共和国国家标准《汽车和挂车类型的术语和定义》规定的汽车和挂车。

本办法所称生产者是指在中国境内依法设立的生产汽车产品并以其名义颁发产品合格证的企业。

从中国境外进口汽车产品到境内销售的企业视为前款所称的生产者。

第四十一条　汽车产品出厂时未随车装备的轮胎的召回及其监督管理由质检总局另行规定。

第四十二条　本办法由质检总局负责解释。

第四十三条　本办法自 2016 年 1 月 1 日起施行。

GB/T 39603—2020
缺陷汽车产品召回效果评估指南

（国家市场监督管理总局、国家标准化管理委员会

2020年12月14日发布，自2021年7月1日实施）

前　言

本标准按照 GB/T 1.1—2009 给出的规则起草。

本标准由全国产品缺陷与安全管理标准化技术委员会（SAC/ TC 463）提出并归口。

本标准起草单位：中国标准化研究院、国家市场监督管理总局缺陷产品管理中心、华南理工大学、清华大学、东风汽车有限公司、广汽本田汽车有限公司、浙江吉利汽车有限公司。

本标准主要起草人：肖凌云、董红磊、王琰、巫小波、高亚、兰凤崇、刘亚辉、黄嵘、梁宏毅、周小红。

1 范围

本标准提供了开展缺陷汽车产品召回效果评估的指导和建议，给出了开展缺陷汽车产品召回效果评估的评估基本流程、召回效果评估模型、召回效果评估过程及评估结果处置的信息。

本标准适用于缺陷汽车产品召回实施与管理过程中，评估主体对生产者安全缺陷召回活动实施情况进行效果评估。汽车替换零部件和除汽车产品以外的其他机动车产品的安全缺陷召回活动效果评估参照本标准使用；机动车环境保护召回活动效果评估参照本标准使用。

2 规范性引用文件

下列文件对于本文件的应用是必不可少的。凡是注日期的引用文件，仅注日期的版本适用于本文件。凡是不注日期的引用文件，其最新版本（包括所有的修改单）适用于本文件。

GB/T 34402—2017 汽车产品安全 风险评估与风险控制指南

3 术语和定义

下列术语和定义适用于本文件。

3.1

召回活动 recall activity

生产者组织零部件生产者、经营者等消除汽车产品缺陷的全工作过程。

3.2

召回计划　recall plan

生产者针对即将开展的召回活动制定的具体实施方案。

3.3

召回措施　recall measures

生产者在召回计划中提出的消除汽车产品缺陷的方式。

3.4

召回活动实施周期　implementation period of recall activity

根据缺陷汽车产品数量、汽车使用时间等因素，生产者在召回计划中制定的集中开展召回活动实施的时间期限。

3.5

召回效果评估　recall effectiveness evaluation

评估主体对召回活动消除缺陷的效果进行综合评估的过程。

注： 评估结果是对生产者召回活动实施全过程的客观反映。

3.6

召回总结报告　recall summary report

生产者在召回活动实施周期完成后一定时限内向国务院市场监督管理部门提交的召回实施情况报告。

3.7

召回阶段性报告　recall periodic report

生产者在召回活动实施周期中定期或按国务院市场监督管理部门要求提交的召回实施情况报告。

3.8

实际召回完成率 actual recall completion rate

已实施召回措施的缺陷汽车产品数量占该召回活动涉及的全部缺陷汽车产品总数量的百分比。

3.9

计划召回完成率 planned recall completion rate

根据汽车产品使用时间和缺陷综合风险水平等级等因素，生产者在召回计划中制定的在召回活动实施周期内预计可实施召回措施的缺陷汽车产品数量占该召回活动涉及的全部缺陷汽车产品总数量的百分比。

3.10

措施有效性 effectiveness of recall measures

生产者采取的召回措施实施后能有效消除缺陷且不产生其他新的缺陷的程度。

注：措施无效包括无法有效消除缺陷、未能取得预期效果或者产生其他新的缺陷。

3.11

措施次生影响 additional effect of measures

生产者采取的召回措施实施后使汽车的部分性能或功能受到影响的情况，但未产生新的缺陷。

4 评估基本流程

4.1 缺陷汽车产品召回效果评估的评估主体包括市场监督管理部

门、召回技术机构、生产者或与生产者无利害关系的专家等。

4.2 评估主体保存评估过程中的相关记录和资料并建立档案是十分必要的。

4.3 缺陷汽车产品召回效果评估基本流程如图1所示。

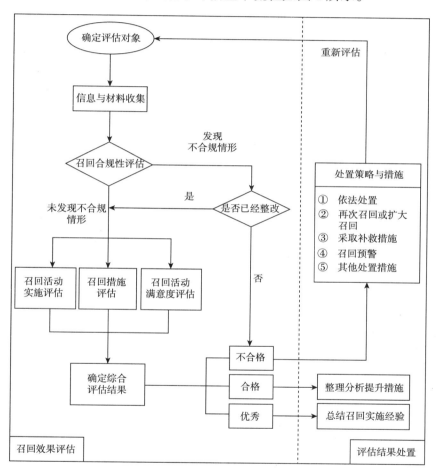

图1 缺陷汽车产品召回效果评估基本流程

5 召回效果评估模型

5.1 评估指标及其权重值

5.1.1 召回效果评估指标由 3 个一级指标和 9 个二级指标组成。

5.1.2 一级指标包括召回活动实施、召回措施和召回活动满意度，分别用 R_1、R_2 和 R_3 表示；二级指标包括召回完成率指数、召回时效性、车主通知情况、召回范围准确性、召回措施实施一致性、措施有效性、措施次生影响、消费者满意度和召回监督配合度，分别用 $I_1 \sim I_9$ 表示。

5.1.3 各级评估指标及其相应的权重值如表 1 所示。

表 1　召回效果评估指标及其权重值

一级指标	一级指标权重值	二级指标	二级指标权重值
召回活动实施 R_1	0.60	召回完成率指数 I_1	0.45
		召回时效性 I_2	0.25
		车主通知情况 I_3	0.10
		召回范围准确性 I_4	0.10
		召回措施实施一致性 I_5	0.10
召回措施 R_2	0.25	措施有效性 I_6	0.80
		措施次生影响 I_7	0.20
召回活动满意度 R_3	0.15	消费者满意度 I_8	0.50
		召回监督配合度 I_9	0.50

5.2　评估模型

根据表1给定的一级指标及其相应的权重值，给出召回效果评估模型，如式（1）所示。

$$\text{REE} = \begin{bmatrix} 0.60 & 0.25 & 0.15 \end{bmatrix} \begin{bmatrix} R_1 \\ R_2 \\ R_3 \end{bmatrix} \quad \cdots\cdots\cdots\cdots\cdots\cdots\cdots\cdots (1)$$

式中：

REE——综合评估结果；

R_1　——召回活动实施；

R_2　——召回措施；

R_3　——召回活动满意度。

召回活动实施 R_1 是召回效果评估的核心指标，由召回完成率指数 I_1、召回时效性 I_2、车主通知情况 I_3、召回范围准确性 I_4 和召回措施实施一致性 I_5 组成。根据表1中 $I_1 \sim I_5$ 的权重值，召回活动实施 R_1 的评估结果可由式（2）计算得出。

$$R_1 = \begin{bmatrix} 0.45 & 0.25 & 0.10 & 0.10 & 0.10 \end{bmatrix} \begin{bmatrix} I_1 \\ I_2 \\ I_3 \\ I_4 \\ I_5 \end{bmatrix} \quad \cdots\cdots\cdots\cdots\cdots (2)$$

式中：

R_1——召回活动实施；

I_1　——召回完成率指数；

I_2　——召回时效性；

I_3——车主通知情况；

I_4——召回范围准确性；

I_5——召回措施实施一致性。

召回措施 R_2 是召回效果评估的关键指标，由措施有效性 I_6 和措施次生影响 I_7 组成。根据表 1 中 I_6 和 I_7 的权重值，召回措施 R_2 的评估结果可由式（3）计算得出。

$$R_2 = \begin{bmatrix} 0.80 & 0.20 \end{bmatrix} \begin{bmatrix} I_6 \\ I_7 \end{bmatrix} \quad \cdots\cdots\cdots\cdots\cdots\cdots\cdots\cdots\cdots\cdots\cdots\cdots（3）$$

式中：

R_2——召回措施；

I_6——措施有效性；

I_7——措施次生影响。

召回活动满意度 R_3 是召回效果评估的主观指标，由消费者满意度 I_8 和召回监督配合度 I_9 组成。根据表 1 中 I_8 和 I_9 的权重值，召回活动满意度 R_3 的评估结果可由式（4）计算得出。

$$R_3 = \begin{bmatrix} 0.50 & 0.50 \end{bmatrix} \begin{bmatrix} I_8 \\ I_9 \end{bmatrix} \quad \cdots\cdots\cdots\cdots\cdots\cdots\cdots\cdots\cdots\cdots\cdots\cdots（4）$$

式中：

R_3——召回活动满意度；

I_8——消费者满意度；

I_9——召回监督配合度。

评估结果采用 10 分制，即 REE、R_1、R_2、R_3 以及 I_1~I_9 的分

值均分别为 0~10 分，本标准中分值计算结果经四舍五入后保留小数点后两位。

6　召回效果评估过程

6.1　确定评估对象

召回效果评估对象为生产者组织实施的召回活动，而不是生产者本身。一般情况下，每次召回活动都需要进行召回效果评估。评估主体一般在生产者提交召回总结报告后或召回活动实施周期结束 6 个月后（两者以先到为准）启动召回效果评估工作。

6.2　信息与材料收集

6.2.1　信息与材料收集是召回效果评估的基础，信息和材料的客观、准确是召回效果评估过程的重要前提。

6.2.2　评估主体收集的信息与材料包括：召回计划及其他备案资料、召回阶段性报告、召回总结报告、关于召回实施情况的消费者投诉与舆情信息、召回措施分析与验证报告和召回过程监督报告等。其中，召回计划及其他备案资料、召回阶段性报告、召回总结报告、关于召回实施情况的消费者投诉与舆情信息是召回效果评估必需的信息与材料。召回措施分析与验证报告、召回过程监督报告既可以是市场监督管理部门组织开展相关试验和召回过程监督形成的报告，也可以是生产者自主组织开展相关工作形成的报告。

6.3　召回合规性评估

6.3.1　基于收集的信息与材料对生产者召回活动实施情况的合规

性进行评估。

6.3.2 召回合规性评估的主要依据为现行法律、法规和规章。

6.3.3 经召回合规性评估后，如未发现存在违反相关召回法律法规的情形，进入后续的召回效果评估程序；如发现存在违反相关召回法律法规的情形，需基于收集的信息与材料查证生产者是否已经进行了整改，如已经进行了有效整改，进入后续的召回效果评估程序；如未进行有效整改，评估结果为不合格。

6.4 召回活动实施评估

6.4.1 召回完成率指数 I_1

召回完成率指数 I_1 的指标值按式（5）进行计算。

$$I_1 = \begin{cases} A, & B \geqslant 1 \\ A \times B & B < 1 \end{cases} \quad\cdots\cdots\cdots\cdots\cdots\cdots\cdots\cdots（5）$$

式中：

I_1——召回完成率指数；

A——对计划召回完成率的评价；

B——实际召回完成率与计划召回完成率的比值。

A 值按式（6）计算，B 值按式（7）计算。

$$A = \begin{cases} 10, & r_1 \times \mu \times 100/\delta \geqslant 90 \\ r_1 \times \mu \times 100/3\delta - 20, & 60 \leqslant r_1 \times \mu \times 100/\delta < 90 \\ 0, & r_1 \times \mu \times 100/\delta < 60 \end{cases} \quad\cdots\cdots\cdots（6）$$

$$B = r_2/r_1 \quad\cdots\cdots\cdots\cdots\cdots\cdots（7）$$

式中：

A——对计划召回完成率的评价；

r_1——计划召回完成率；

μ——车辆使用时间系数；

δ——缺陷综合风险水平等级；

B——实际召回完成率与计划召回完成率的比值；

r_2——实际召回完成率。

其中，在计算实际召回完成率 r_2 时，已明确报废的车辆计为已召回车辆；μ 由表2查得；表2中 s_t 表示车辆使用时间，指召回公告发布日期（年）与召回范围内车辆生产日期（年）的差值，若召回范围内车辆生产日期涉及不同年，取最早年。

示例：某生产者于2018年发布召回公告，召回范围内车辆的生产时间为2013年—2015年，则 $s_t=2018-2013=5$（年）。

表2　车辆使用时间系数表

车辆使用时间 s_t/ 年	$s_t \leqslant 1$	$1 < s_t \leqslant 4$	$4 < s_t \leqslant 7$	$7 < s_t \leqslant 10$	$s_t > 10$
μ	0.99	1.09	1.41	2.09	3.60

δ 由表3查得，表3中缺陷综合风险水平等级根据 GB/T 34402—2017 确定。

表3 缺陷综合风险水平等级系数表

缺陷综合风险水平等级	低	较低	中等	较高	高
δ	0.96	0.98	1.00	1.02	1.04

6.4.2 召回时效性 I_2

召回时效性 I_2 的指标值按式（8）进行计算。

$$I_2 = \begin{cases} 10, & t_2 \leqslant t_1 \\ 10-5(t_2-t_1)/3, & 0 < t_2-t_1 \leqslant 6 \\ 0, & t_2-t_1 > 6 \end{cases} \quad\cdots\cdots\cdots\cdots（8）$$

式中：

I_2——召回时效性；

t_2——实际召回活动实施周期；

t_1——召回活动实施周期。

其中，召回活动实施周期 t_1 和实际召回活动实施周期 t_2 以月为单位计算。

示例：某生产者在召回计划中制定的召回活动实施周期为12个月（t_1），生产者实际实施召回活动周期为13个月（t_2），则 I_2 计算结果为8.33。

6.4.3 车主通知情况 I_3

车主通知情况 I_3 的指标值按式（9）进行计算。

$$I_3 = \begin{cases} 10, & N \times \mu \times 100 \geqslant 90 \\ N \times \mu \times 100/3 - 20, & 60 \leqslant N \times \mu \times 100 < 90 \\ 0, & N \times \mu \times 100 < 60 \end{cases} \quad\cdots\cdots（9）$$

式中：

I_3——车主通知情况；

μ——车辆使用时间系数；

N——通知车主成功率。

其中，通知车主成功率 N 由召回总结报告中查得。

6.4.4　召回范围准确性 I_4

通过召回过程监督，发现召回活动存在召回范围不准确的情形，I_4 计为 0；若不存在，I_4 计为 10。

6.4.5　召回措施实施一致性 I_5

召回措施实施一致性 I_5 为经营者召回措施实施与召回措施要求的符合程度，可通过生产者自主抽查或召回过程监督获得。生产者自主抽查结果在提交召回总结报告时一并提供。

根据生产者自主抽查结果，I_5 按式（10）进行计算。

$$I_5 = \begin{cases} 10, & c_2/c_1 \geqslant 0.90 \\ 6, & 0.70 \leqslant c_2/c_1 < 0.90 \\ 0, & c_2/c_1 < 0.70 \end{cases} \quad\text{（10）}$$

式中：

I_5——召回措施实施一致性；

c_2——抽查结果一致的经营者数量；

c_1——生产者抽查经营者的数量。

其中，生产者抽查经营者的数量 c_1 一般不少于召回涉及经营者总数量的 10%。

根据召回过程监督结果，若发现与生产者自主抽查结果不一致的情况，则 I_5 值计为 0。

6.4.6 召回活动实施评估结果 R_1

将 I_1~I_5 的值代入式（2），计算得出召回活动实施评估结果 R_1。

6.5 召回措施评估

6.5.1 措施有效性 I_6

召回活动实施后，若召回过程监督发现存在无法有效消除缺陷、未能取得预期效果或者产生其他新的缺陷的情形，I_6 计为 0；若不存在，I_6 计为 10。

6.5.2 措施次生影响 I_7

召回活动实施后，若召回过程监督发现存在汽车的部分性能或功能受到影响，但未产生新的缺陷的情形，I_7 计为 0；若不存在，I_7 计为 10。

6.5.3 召回措施评估结果 R_2

将 I_6 和 I_7 的值代入式（3），计算得出召回措施评估结果 R_2。

6.6 召回活动满意度评估

6.6.1 消费者满意度 I_8

消费者满意度 I_8 主要基于消费者有效投诉数量及其与缺陷汽车产品总数量的比值（比值用 U_c 表示）来确定，可根据舆情监测情况做适当调整：

a）当消费者有效投诉数量达到 50 条及以上时，I_8 计为 0；

b）当消费者有效投诉数量小于 50 条时：

1） 未收到消费者有效投诉，即 U_C=0 时，I_8 计为 10；

2） $U_C \leqslant 1/10000$ 时，I_8 计为 8；

3） $1/10\,000 < U_C \leqslant 3/10\,000$ 时，I_8 计为 5；

4） $3/10\,000 < U_C \leqslant 5/1\,000$ 时，I_8 计为 2；

5） $U_C > 5/1\,000$ 时，I_8 计为 0。

6.6.2 召回监督配合度 I_9

召回监督配合度 I_9 按式（11）进行计算。

$$I_9 = 0.40 \times \frac{1}{n} \sum_1^n P_i + 0.60 \times S \cdots\cdots\cdots\cdots\cdots\cdots\cdots\cdots\cdots\cdots （11）$$

式中：

I_9——召回监督配合度；

n——生产者提交阶段性报告的次数；

P_i——生产者第 i 次提交阶段性报告的及时率；

S——生产者提交召回总结报告的及时率。

P_i 按式（12）进行计算。

$$P_i = \begin{cases} 10 & T_i \leqslant 10 \\ 20 - T_i & 10 < T_i \leqslant 20 \\ 0 & T_i > 20 \end{cases} \cdots\cdots\cdots\cdots\cdots\cdots\cdots\cdots （12）$$

式中：

P_i——生产者第 i 次提交阶段性报告的及时率；

T_i——生产者第 i 次提交符合要求的阶段性报告的日期与应提交日期的工作日之差。

示例：某生产者于 2018 年 3 月 1 日实施召回，首次应提交阶段性报告的日期为 6 月 1 日，若生产者于 6 月 20 日提交，此时 T_i 为 13，则 P_i 的计算结果为 7。

生产者提交召回总结报告的及时率 S 根据生产者提交符合要求的召回总结报告的时间计算，若召回总结报告在完成召回计划后的 15 个工作日内（含第 15 个工作日）提交，S 值计为 10；若超过 15 个工作日提交，S 值计为 0。

在召回过程监督中，如生产者存在不配合召回监督的情况，则 $I_9 = 0$。

6.6.3　召回活动满意度评估结果 R_3

将 I_8 和 I_9 的值代入式（4），计算得出召回活动满意度评估结果 R_3。

6.7　确定召回效果综合评估结果

6.7.1　代入评估模型

将 R_1、R_2 和 R_3 的值代入式（1），计算得出 REE 值。综合评估结果分为三个等级：优秀、合格与不合格，其中 $8.50 \leqslant REE \leqslant 10$ 视为优秀，$6 \leqslant REE < 8.50$ 视为合格，$REE < 6$ 视为不合格。

6.7.2　评估结果修正

考虑到召回完成率指数 I_1、召回时效性 I_2、召回范围准确性 I_4、召回措施有效性 I_6 是召回效果评估的核心指标，当上述指标值较低或为 0 时，被评估的召回活动将无法达到真正有效消除缺陷的目的，需要对评估结果进行适当修正。即当 $I_1 < 6$ 或 $I_2 = 0$

或 $I_4=0$ 或 $I_6=0$ 时，如果 REE $\geqslant$ 6，需将综合评估结果修正为不合格。

7 评估结果处置

7.1 根据综合评估结果，生产者和市场监督管理部门可分别采取或制定相应的处置策略与措施：

a） 针对召回效果综合评估结果为优秀的召回活动，生产者可以总结该召回活动的实施经验，结合经验制定或修订内部管理文件与操作手册，并作为后续其他召回活动实施的依据。

b） 针对召回效果综合评估结果为合格的召回活动，生产者可以整理分析进一步提升的措施，并作为后续其他召回活动实施的参考。必要时，市场监督管理部门可以要求生产者进行整改与提升。

c） 针对召回效果综合评估结果为不合格的召回活动，生产者和市场监督管理部门根据以下情形，分别提出处置策略和整改措施：

1） 召回活动存在不符合国家相关召回法律法规情形的，市场监督管理部门依法予以处理，必要时向社会公开；生产者需立即提出并实施整改措施，并接受市场监督管理部门的监督。

2） 召回活动存在 REE $<$ 6、$I_1<$ 6 或 $I_2=0$ 的情形，生产者需尽快采取措施并进行备案。如生产者未采取

措施或采取的措施依然无效，市场监督管理部门可适时发布召回预警。

3) 召回活动存在 $I_4=0$ 的情形，生产者需尽快进行备案，实施扩大召回。

4) 召回活动存在 $I_6=0$ 的情形，生产者需尽快制定有效的召回措施，再次实施召回。

7.2 对于召回效果综合评估结果为不合格的召回活动，生产者完成整改、实施补救措施、再次召回或扩大召回后，评估主体需按照评估流程进行重新评估，直到达到合格及以上等级。
